成 就

成为你真正想成为的人

A New Approach to Timeless Lessons
for Aspiring Leaders

[美] 阿希什·阿德瓦尼（Asheesh Advani） 著
马歇尔·古德史密斯（Marshall Goldsmith）

陶尚芸 译

本书提出了"固定 – 灵活 – 自由"框架，旨在帮助我们在快速变化的时代中重新定义成就，实现个人与职业的非线性成长。书中结合了作者的丰富经历和全球顶尖管理思想家的智慧，通过30堂"成就课程"，从"自我修炼"和"职场进阶"两个维度，教导我们如何在风云变幻的时代中找到方向，拥抱混乱，并将其转化为成长的动力。内容涵盖自我认知、目标设定、人际关系、职业规划等方面，旨在培养读者的自我效能感和领导力。本书提出的思想和方法不仅适用于个人成长，还为企业和组织的变革提供了实用的指导。同时，书中结合了大量真实案例和实用建议，能够帮助我们解决如何在不确定的环境中找到自己的优势、如何平衡目标与过程、如何在职业与生活中实现双赢等问题。无论你是初入职场的年轻人，还是希望在复杂环境中突破自我的领导者，本书都是一本极具启发性和实用性的读物，能够帮助你在快速变化的世界中找到属于自己的成就之路。

Modern Achievement © 2024 Asheesh Advani, Marshall Goldsmith.
Original English language edition published by Amplify Publishing Group 620 Herndon Parkway, Suite 220, Herndon Virginia 20170, USA. Arranged via Licensor's Agent: DropCap Inc. All rights reserved.
Simplified Chinese rights arranged through CA-LINK International LLC.

此版本可在全球（不包括香港、澳门特别行政区及台湾地区）销售。未经出版者书面许可，不得以任何方式抄袭、复制或节录本书中的任何部分。

北京市版权局著作权合同登记　图字：01-2024-4600 号。

图书在版编目（CIP）数据

成就：成为你真正想成为的人 / （美）阿希什·阿德瓦尼（Asheesh Advani），（美）马歇尔·古德史密斯（Marshall Goldsmith）著；陶尚芸译. -- 北京：机械工业出版社，2025.5. -- ISBN 978-7-111-78101-1

I. B848.4-49

中国国家版本馆CIP数据核字第2025UW966号

机械工业出版社（北京市百万庄大街22号　邮政编码100037）
策划编辑：坚喜斌　　　　　　责任编辑：坚喜斌　王华庆
责任校对：郑　婕　李　杉　　责任印制：任维东
唐山楠萍印务有限公司印刷
2025年5月第1版第1次印刷
160mm×235mm·17.75印张·1插页·253千字
标准书号：ISBN 978-7-111-78101-1
定价：75.00元

电话服务　　　　　　　　　　网络服务
客服电话：010-88361066　　　机　工　官　网：www.cmpbook.com
　　　　　010-88379833　　　机　工　官　博：weibo.com/cmp1952
　　　　　010-68326294　　　金　书　网：www.golden-book.com
封底无防伪标均为盗版　　　　机工教育服务网：www.cmpedu.com

本书的赞誉

"这本书正在打破陈规!要成为未来有效的领导者,我们必须摒弃过时的旧范式,采用本书中所述的创新方法。阿希什和马歇尔深入研究了工作和生活中的这一巨变,并从全球顶尖管理思想家和年轻奋斗者的智慧中汲取精华,打造了这本献给下一代领导者的关于成功和领导力的革命性指南。"

——梅尔·罗宾斯(Mel Robbins)
《纽约时报》的畅销书作者
屡获殊荣的辛迪加广播节目《梅尔·罗宾斯秀》主持人

"马歇尔和阿希什正是在正确时间出现的正确人选,他们致力于将'成就'的定义进行现代化诠释这一重要工作。在本书的创作过程中,他们虚怀若谷又壮志凌云。这是一部必读之作,注定会成为现代经典。"

——金墉博士(Dr. Jim Yong Kim)
世界银行第十二任行长

"本书中介绍的'固定-灵活-自由'框架为人们提供了在动荡时代茁壮成长的非常有用的参照体系。这本充满智慧的书教导年轻的领导者如何去拥抱在实现成就的过程中出现的不可避免的混乱,从而不断迭代,走向更充实、更有意义的生活。"

——丹尼尔·H. 平克(Daniel H. Pink)
《纽约时报》榜首畅销书《驱动力》(Drive)、
《时机管理》(When)和《憾动力》(The Power of Regret)的作者

"阿希什·阿德瓦尼对成功和成就有着罕见的全球视野,这是非常难得的。这本书既具有前瞻性又具有实用性。每个年轻人都应该读一读!"

——艾哈迈德·阿尔亨达维(Ahmad Alhendawi)
世界童子军运动组织秘书长

"谁能比国际青年成就组织(JA)的CEO兼传奇人物马歇尔·古德史密斯先生更能将过去的旧智慧与新一代的新思维融为一体,并为不断变化的世界重新定义'成功'二字呢?这本书既合乎时代潮流,又具备永恒的意义,是当今抱负型领导者的必读书籍。"

——休伯特·乔利(Hubert Joly)
百思买集团(Best Buy)前CEO
《商业的核心》(The Heart of Business)的作者

"我衷心推荐这本书。这是一本鼓舞人心的读物,也是读者们追随自己独特的道路,适应不断变化的世界,并以真实和明确的目标引领生活的指南。准备好获得启迪、不断成长,并以此书为引领,开启变革之旅吧!"

——戴维多(Davido)
格莱美提名流行巨星,戴维多音乐世界创始人

"一本思想深刻且睿智实用的指南,专为学生和年轻人而写。"

——艾米·C. 埃德蒙森(Amy C. Edmondson)
哈佛商学院教授,《如何正确地失败》(Right Kind of Wrong)和
《无畏的组织》(The Fearless Organization)的作者

"这是一本了不起的佳作,尤其适合年轻人阅读。它融合了戴尔·卡内基等前辈领袖的智慧,为当代人增添了宝贵而有力的洞见。阿希什·阿德瓦尼和马歇尔·古德史密斯为我们撰写了一本新的成功手册,向他们点赞!"

——乔·哈特(Joe Hart)
戴尔·卡内基咨询公司总裁兼CEO,
《超越人性的弱点,遇见更好的自己》(Take Command)的合著者

"这本精彩的书就像一位私人导师和领路人,在你人生的关键时刻向你絮絮低语,传授着智慧的真谛。"

——卡罗尔·考夫曼(Carol Kauffman)
教练学院创始人,哈佛医学院助理教授

"阿希什因其在国际青年成就组织(JA)的创新领导风范而荣获'谢家华'领导力奖。马歇尔是世界顶级领导力专家之一。他的'固定–灵活–自由'框架领导方法非常出色,可以帮助个人、团队和组织茁壮成长。每一位有抱负的青年领导者都应该读一读这本书。"

——基思·法拉奇(Keith Ferrazzi)
《别独自用餐》(Never Eat Alone)和
《纽约时报》榜首畅销书《谁可依靠》(Who's Got Your Back)的作者

"这是一本重要的现代手册,为当今快节奏的世界重新定义了坚持、努力和成功的历程。我要向所有即将踏上该征途的人隆重推荐这本书。"

——埃奇先生(Mr Eazi)
非洲流行歌星,班库(Banku)音乐先驱

"这是一本绝妙的书。当今世界的职业生涯越来越不按常理出牌,也不再沿着可预测的路线展开,而是像螺旋一样'瞎转悠'。因此,如果我们依然建议大家选择侧重于目标设定的传统职业,那就显得过时了。阿希什和马歇尔提出了驾驭组合式职业生涯所必需的原则和实践,成功地弥补了这一缺陷。这本书是所有40岁以下的人的必读书,甚至可以说是所有90岁以下的人的必读书,因为我们都需要在一生中不断学习、不断成长,并重新定义我们的目标。"

——萨莉·海格森(Sally Helgesen)
国际畅销书《身为职场女性》(How Women Rise)的合著者,
《同心崛起》(Rising Together)的作者

"我们早就应该重新审视'成就'的概念了,我想不出还有谁比阿希什·阿德瓦尼和马歇尔·古德史密斯更适合来完成这项任务。他们两人分享了自己生活和经历中的精彩故事,创作了一本有助于在当今瞬息万变的世界中重新定义'成就'的书。"

——罗伯特·格雷泽(Robert Glazer)
《华尔街日报》和《今日美国》榜首畅销书《提升》(Elevate)、
《提升你的团队》(Elevate Your Team)和《星期五向前冲》
(Friday Forward)的作者

"你要独出心裁!这是我对年轻人的忠告。我喜欢这本书的框架思路,因为它让每个人都能根据自己独特的优势和目标找到自己的人生课堂。世界各地的年轻人都会喜欢这本书。"

——阿努潘·凯尔(Anupam Kher)
屡获殊荣的演员、导演,国际畅销书《你最棒的地方就是你自己》
(The Best Thing about You Is You)的作者

"本书取材于两位作者迷人的个人旅程,包括克服慢性口吃,以及在JA积累的切实体验。这些经验超越了地域和时间,包容了使我们成为个体的奇妙差异。如果你想了解一些非常实用的课程和过程,从而提高你的成就水平(更重要的是成就感),那么,这本书就是你的不二之选!"

——亚当·沃比(Adam Warby)
海德思哲公司(Heidrick and Struggles)董事长,硕软公司
(SoftwareOne)董事长,埃维诺公司(Avanade)名誉CEO

"本书为新一代领导者开辟成功之路提供了具有变革意义的指南。对于那些希望在现代社会留下不可磨灭的印记的人来说,本书就是不可或缺的良师益友。"

——霍滕斯·勒根蒂尔(Hortense Le Gentil)
《解锁领导者》(*The Unlocked Leader*)和《结盟》
(*Aligned*)的作者

"我自己的成功之路并非一帆风顺,因此,这本书在个人层面上引起了我深深的共鸣。每一位青少年、教育工作者和家长都将从本书中受益良多。更广泛地说,这本书为美国教育系统指明了方向,使其能够接受更加灵活、更有目的性、更鼓舞人心的'成就'定义"。

——杰夫·韦茨勒(Jeff Wetzler)
超越公司(Transcend)联席首席执行官,
《提问》(*Ask*)的作者

"这是一本为年轻有为者撰写的书,对于那些希望在日新月异的世界中一路领先的领导者来说,这本书充满了实用的真知灼见。我曾有机会与JA和阿希什·阿德瓦尼密切合作,也很熟悉马歇尔·古德史密斯的领导力愿景。我很高兴,现在全世界都能从他们的智慧和经验中学习和受益。"

——伦斯·范登·布鲁克(Rens Van den Broek)
麦肯锡公司合伙人

"在不断演变的成功图景中,这本书代表了从'做X'到'得到Y'的线性路径到一个全新范式的重大转变。在向戴尔·卡内基和史蒂芬·柯维等偶像的智慧致敬的同时,这个创新的'固定-灵活-自由'框架提供了30节可操作的课程,更新了'成就'的概念(我们都自以为很懂'成就'二字,其实不然)。对于任何想要成长、学习和有志成为领导者的人来说,这是一本必读书!"

——乌尔斯·柯尼格(Urs Koenig)
激进的谦逊领导力学院(Radical Humility Leadership Institute)
创始人,联合国前维和人员,《激进的谦逊》
(*Radical Humility*)的作者

阿希什的献词

谨以此书献给我的孩子亚历山大和艾略特，
祝贺他们开启了自己的成就之旅

马歇尔的献词

谨以此书献给我的孩子凯莉和布莱恩

我的（还有你们的）现代成就故事

作为国际青年成就组织（JA）的 CEO，我有机会接触到世界各地许多最看重成就的年轻人。JA 每年为来自 100 多个国家的 1500 多万名年轻人提供创业、金融知识和工作准备方面的教育计划。我当下的工作和我以前做过的任何事情一样令人满意，且更有回报。当我们被提名"诺贝尔和平奖"时，我的工作变得更加令人满意，且更有回报。"诺贝尔和平奖"是一个巨大的荣誉，对于 JA 来说，它引起了人们对教育、经济赋权与和平之间的重要联系的关注。

14 岁时，我也是 JA 的一名学生。但那时的我没有想过，将来有一天，**在我 40 多岁的时候，我会成为该组织的 CEO。我要怎么做才能达到这个目标呢？**事实上，如果你见过小时候的我，你一定会认为我很难带领任何人去奋斗，你这么想也情有可原。

我出生在印度孟买，6 岁前随家人移民到加拿大多伦多。我的哥哥阿尼尔比我大 3 岁，他向我解释了当时发生的事情，并指导我适应那次搬家。我并不是不开心，我只是不太自信，部分原因是我在抵达多伦多后患上了严重的口吃。这种口吃深深地影响了我对自己能力的判断。我不敢竞选学生会主席，也不愿参加我原本很想参加的学校演出，因为我害怕试镜，也回避任何需要我上台的事情。有一次，我奉命在全班同学、老师和许多家长出席的学校大会上朗诵一首简短的诗。我一句话也说不出来。咦咦咦呜呜呜啊啊啊……感觉像是过了一小时，其实可能只过了十分钟——因尴尬而显得十分漫长。

阿希什·阿德瓦尼

我终于把本来只需要一两分钟就能朗诵完的诗念完了。离开舞台时，我避免与每个人的目光接触，我确信，那一刻我已经"社死"了，我再也不会有朋友了。

我的父母为我报名参加了多伦多世界领先的儿童医院每周一次的语言治疗课程，到我13岁的时候，我的口吃已经不再是持续性的了，而是零零星星的，偶尔口吃一下。但在我正处青春期的时候，我也渴望吸引女孩，而零星的口吃意味着自信心的缺失，我总是觉得自己不配找女孩子约会。我唯一有信心的是我的运动能力，但这与我父母期望的并不完全一致。他们试图在我们身上灌输努力学习、在学校表现优秀的价值观。我的哥哥阿尼尔从很小的时候就开始接受这些价值观。他在学校成绩优异，赢得了全国数学竞赛，参加了辩论锦标赛，考上了哈佛大学并被医学院录取。与此同时，我却像个小孩子一样，对于老师布置的家庭作业，我只看第一页和最后一页，并认为这就完成任务了，然后出门去打街头曲棍球、篮球或参加其他任何有助于交朋友的活动。

我并不是不想有所成就，毕竟我参加了 JA 计划。我只是没有太多的野心。如果你问我13岁的自己长大后想要在哪里工作，我可能会回答："在稳定的政府部门工作。"这是因为我的家族经历了1947年英属印度领土分裂为巴基斯坦和印度的动荡时代。当时，数百万人被迫迁徙，其中许多人沦为难民和移民，包括我的父母和祖父母，他们从信德省（我们世代相传的血脉发源地）移居到这里。对于许多被迫离开家园的印度家庭来说，稳定是极具吸引力的状态。而在印度，能为工人阶级提供社会阶层流动和成功机会的稳定工作主要集中在政府部门，如外交部门、行政服务单位和军队。

当时是我的哥哥说服我的父母送我去多伦多大学附属学校（UTS）的，这改变了我的教育旅程和人生轨迹。UTS 是一所独特的高中，隶属于加拿大顶尖大学之一的多伦多大学。我需要乘坐公共汽车、快速公交和地铁，单程90分钟才能到达那里，但每一分钟都是值得的。UTS 吸引了我所见过的最勤奋的一批学生，为我打开了一扇通往全新机遇的大门。我开始在学业上努力做到出类拔萃，而不止于优异的体育成绩。在阿尼尔被哈佛大学录取后，我也努力追赶他的成就，最终考上了宾夕法尼亚大学沃顿商学院。我打算先拿到商学本科学位，然后再去法学院学习，这样就可以选择"稳定的政府工作"，比如，从事法律工作或者冒险走上从政道路。两者任选其一就是我的成就之路，即通往成功的直线式坦途。

但我的成就故事并不是这样发展的。

从我上大学那一刻起，我就知道，我想要探索和体验不同的工作环境和行业。我曾在银行业和出版业担任暑期实习生。我从事过很多职业，比如上门推销员、图书研究助理、战略咨询公司的助理、银行家、世界银行的顾问，还在印度合伙创立了一家投资公司。我还获得了研究生学位，在一所重点大学任教，并创立了一家名为"圈子贷"（Circle Lending）的开创性个人贷款公司，所有这些都是在我30岁之前完成的。

对于那些认为"追求成就的过程"应该或必须符合直线式发展逻辑的人来说，我最初的职业生涯可能看起来像大杂烩，但在当时每一步都是有意为之的。当时我无法用语言表达的是，我的非直线式成就之旅，在30岁和40岁时继续进行，遵循的是一种与我在成长过程中所接受的不同的"成就"定义。

关于成就的经典书籍通常是基于直线式发展来定义"成就"的。它们讲述了令人惊叹的逆境故事和战胜悲剧的迷人历程，包含了许多永恒的启迪，这些经验教训如今依然弥足珍贵。但是，像《思考致富》（*Think and Grow Rich*）的作者拿破仑·希尔（Napoleon Hill）和《最大成就》（*Maximum Achievement*）的作者博恩·崔西（Brian Tracy）这样的成功励志作家，他们的作品都专注于单一目标的设定和实现。1963年，希尔可以把他的书命名为《个人成就的科学》（*The Science of Personal Achievement*），因为他追求成就的整体方法都非常专注：设定一个目标，把它写下来，集中精力去实现它，你就会成功。

希尔和过去那些写经典成就主题的作家都是为了一个更集中、更静态、更等级分明的世界而写作的，无论从哪个角度来看，这样的世界都不是一个全球化、动态化和多元化的世界。在这个紧张不安、错综复杂且瞬息万变的背景下，我看到了自己在坚持制定长期目标方面是如何挣扎的。因此，纯粹根据长期目标的实现情况来定义个人成就和成功的做法已经过时，这不仅不利于我了解自己的成就故事，也不利于本书的读者了解他们的成就故事。比如像我的儿子们一样刚刚开始书写自己的成就故事的人，以及全世界数以百万计的JA学生和校友，近十年来，他们每天都在激励着我。世界经济论坛的《未来就业报告》(*The Future of Jobs Report*)分析指出，大多数年轻人在开始自己的成就之旅时，可能会平均更换工作20次，更换职业方向7次。此外，未来60%以上的工作尚未被发明出来。这意味着，无论你在20多岁和30多岁时如何书写你的成就故事，到了40多岁和50多岁的时候，你都需要学习新事物，重新培训自己，并在自己的领域之内或转向最初的专业领域之外寻找新的机会。

本书中所有的步骤和课程，无论多么不符合逻辑或看似不相关，都应被视为你取得更大成就的过程的一部分。每个步骤都会加深你对自己是谁、你想要去什么地方、你如何挑战和改变自己、你的职业方向乃至整个世界的理解。在这个变幻莫测的世界里，不断涌现的新技术、新信息和新数据需要不断地改变、调整和重设，这一点至关重要。

因此，关于成就的现代定义必须支持非直线式发展的成功和奖励方法，并庆祝与目标相关的任务和过程，而不只是目标本身。以下是我提出的定义：

现代成就是思考通往成功和成就之旅的一种新方式，它同样看重实现目的和目标的过程，而不只是目标达成的那一刻。

需要明确的是，这个定义并没有否定目标和目标设定对成功的重要性，我们都很自然地想要和需要实现目标。该定义只是承认，多种多样且不断变化的目标，现在和将来都是生活的自然组成部分，反过来，我们也要更加重视实现目标的过程。不过你得训练自己去经历这样的成就之旅。虽然从外表上看，我似乎是从一个成功走向另一个成功，但我的旅程是混乱的，充满了拒绝、障碍和自我怀疑的时刻。然而，我学会了将这一切视为目标实现过程的一部分。我开始将我的挫折、错误和失败视为积极的因素，并将转折和重置视为建立自我效能的机会。一旦你开始将这些事情视为自己成长过程的一部分，你就会立即开始以不同的方式感知并尊重它们。这就是现代成就的定义，而本书中的课程可以帮助你做到这一点。

我对"成就"的现代定义以及围绕这一定义所创建的课程，在涉及个现代成就是思考通往成功和成就之旅的一种新方式，它同样看重实现目的和目标的过程，而不只是目标达成的那一刻。

人赋权的概念时也更为宽泛。我从自己的人生旅途中,以及在领导 JA 的过程中与来自世界各地的有志领导者的邂逅中了解到,像你们中的许多人一样,年轻的成功人士都非常注重个人、职业和社会赋权。你们具有强烈的创业精神。你们希望按照自己的意愿创造未来,同时也重视灵活性、协作性和多样性。你们认同"组合式职业"的概念,即一个职位包含多个角色。你们希望领导者能够善待你们,与你们同甘共苦。你们渴望拥有创造性的控制权,并能够解决世界上最大的挑战。你们理解"亲社会动机"和"自我保健实践"对你们的幸福、职业成功以及智力、情感、精神和身体健康的重要性。

  本书尊重你们的方方面面,也尊重他人的需求和方法,以及从经典的成功励志类书籍中汲取的永恒经验,这些经验对年轻人的成功仍具有现实意义和影响力。这本书从某种意义上具有"永恒教诲的新方法":它尊重你的愿望和方向,让你在追求成就的同时,也能与过去最好的经验和未来你将为之工作的人们的目标保持一致。因为现代成就的价值观并不仅仅关乎你自己,还关乎你周围的人和你的合作伙伴(你建立的人脉),这就是为什么你在这本书中不仅限于从我身上找到经验和故事。本书共设 30 节课,你会从中看到影响过我的著名思想家对成就的见解、我认识的一些最佳职业教练的评论,以及来自世界各地的年轻有为者的故事,他们就像你一样,正在为自己的成就故事书撰写谚语般精致的卷首语。

  我的每节课都给一个人开设了专题课堂,这个人就是马歇尔·古德史密斯先生。这本书的诞生正是因为马歇尔改变了我的人生。他是我的教练、导师和朋友,他推动我以不同的方式思考自己和自己对他人的影响。

  马歇尔是世界上最有影响力的领导力思想家之一,也是畅销书作家和编辑,著有《自律力:创建持久的行为习惯,成为你想成为的人》(*Triggers: Creating Behavior That Lasts-Becoming the Person You Want to Be*)、《管理中的魔鬼细节:突破阻碍你更成功的 20+1 个致命习惯》(*What Got You Here Won't Get You There*)和《丰盈人生:活出你的极致》(*The Earned Life: Lose Regret, Choose Fulfillment*)等数十部著作。但我与他合作写这本书,并不是因为他有著作已经卖出了数百万册,也不是因为他的其他许多成就。我认为他是一位现代圣贤，因为他愿意与他邂逅的每个人（包括我）分享智慧，以此来增强他人的自我效能感。

我们的友谊始于一次尴尬的电话。当时我正开车沿着波士顿的一条狭窄的街道行驶，来自四面八方的车辆让我忙于避让，我用免提接听了马歇尔的电话。在这次通话之前，我甚至没有在谷歌上搜索过他的信息，因此我不知道他是谁，也不知道他取得了哪些成就。他询问了我的背景，我也询问了他的背景。我们都忍住不提自己过去的成就。我花了大部分时间谈论自己在未来想做的事情，即帮助年轻人充分发挥他们的潜力，而不是吹嘘自己过去做过的事情。我想这就是我能说服马歇尔接受我加入他的教练团的原因，这是一个由众多领导力思想家组成的社区，其中包括一些世界领先的高管教练、演说家、作家、企业家和领导者。

我们成为教练团的队友之后，就开始了这本书的合作。该书遵循马歇尔的使命，帮助你为自己和他人实现积极、持久的改变。他希望帮助你让你的生活变得更好一点，让你克服限制性的信念和行为，从而取得更大的成功，他已经为我做到了这一点。不过，虽然我和马歇尔是合作关系，但并不是传统意义上的合著者。我们都热爱帮助他人，但我们的故事和经历却大不相同。因此，在每节课中，我们的故事和思想将保持独立，这里有两个"我"，而不是一个"我们"。等我讲完我的故事、经验教训，展示一篇"延伸阅读经典范例"和指导意见，或者一个年轻有为者的故事之后，马歇尔就会分享他自己生活中的故事和感悟。

所有这些都是为了让我们各自的课程对你更重要、更有用、更具操作性。这就是我们写这本书的唯一目的：帮助你利用现代成就之旅的起点，拥抱探索的过程，追求不同的机遇，了解未知的道路和其他可能性，也帮助你了解自己，知道如何为他人工作、如何与他人合作。你在这方面准备得越充分，就越能在面对未来的挑战和变化时取得成就并发挥领导作用。

这本书就是为你们而写的：未来的领导者们！通过你们的镜头看人生，让我更好地认识了我自己以及我的成就之旅。这是我回馈社会的一种尝试。愿你们享受阅读的快乐！

导言课
遵循"固定-灵活-自由"框架，开辟成就之路

大学一年级结束的那个夏天，我在加拿大的一家银行实习，但被安排提前离开，去纽约市的仙童传媒（Fairchild Media）再实习一段时间。我想了解一下出版业，并收到了为他们的《男士生活时尚》(Men's Lifestyle)杂志工作的邀请，但就在我开始工作的前一周，该杂志停刊了。于是，仙童传媒给我提供了一个机会，让我转到他们的旗舰刊物《女装日报》(Women's Wear Daily)，这份刊物拥有"时尚圣经"的美誉。我对女装一无所知，但我还是去入职了。在那里，我拍摄时尚照片，在街上与女性交谈，询问她们在哪里购买了身上的配饰，并把这些都写下来，交给一本需每日更新的杂志。

在一个周六，当没有人愿意在周末接受任务时，社里命令我写一篇餐厅评论。我想都没想就答应了。有多少大学生能在纽约的杂志上发表餐厅评论文章呢？我和一名摄影师一起被派去给厨师拍照，当时他正在附近的绿色市场买西红柿，然后做了他最拿手的西班牙凉菜汤，我准备好点评这道菜了。厨师自豪地把汤端给我，等着我的反应。我以前从未品尝过西班牙凉菜汤。

我的第一个评价是什么？"汤太凉了。"

厨师翻了个白眼，转身离开了。仅仅四个字，我就彻底摧毁了自己的信誉，也毁掉了与厨师共度的愉快早晨。我就是这么没脑子。事后看来，这也没什么。我刚刚经历了自己在追求现代成就道路上的第一课：接受自己无知且无经验的事实。我那天在纽约所做的事情，就是我今天所说的"自由式"。这是你在有关成就的经典书籍中找不到的一个

词，但它却是我为这些有关现代成就的课程所定义的三大关键词之一。

我称之为"固定－灵活－自由"框架。

"固定－灵活－自由"是一个以人为本的框架。在这个瞬息万变的世界里，它帮助我们以不同的方式思考如何取得成就。它还帮助我们解读如何学习、如何与他人合作以及如何获得个人成长、成功和领导力的相关法则和经验。

我在2015年担任JA首席执行官（CEO）时首次采用了"固定－灵活－自由"框架，不过当时我并未考虑个人成就。JA是我领导的第一个真正意义上的全球性组织。我一直认为自己是"全球化的人物"，因为我在印度出生，在加拿大长大，在美国和英国的大学接受教育，娶了一个有着丹麦血统的美国人，在五个国家领导过团队。所以，我一开始就有一定程度的信心。但是，在领导JA及其遍布100多个国家的300多个法律实体和工作人员时，我立即意识到自己的经验在全球多样性方面的局限性。在JA，我对荷兰同事的直接沟通方式和中国同事的间接沟通方式的理解能力，可能是成功与失败之间的分水岭。沿用传统的自上而下的领导方法也并不总是奏效。例如，在印度尼西亚实地工作的工作人员比大多数生活在美国或英国的"教育专家"更了解如何帮助雅加达的"成就控"青年。

此外，JA不仅具有全球多样性，而且规模庞大。正如我在本书开头所说，JA每年为超过1500万名年轻人提供创业、金融知识和工作准备方面的教育项目。在一些国家，我们为超过10%的学龄儿童提供服务，通过体验式学习和职业观摩等项目，向他们传授商业、经济和未来工作的知识。所有这些对学生和学校都是免费的。

为了实现这一目标，由地方、国家、区域和全球团队组成的JA世界网络每年都会从捐赠者那里筹集大量资金。这些捐款使我们在2019年新冠疫情期间实现了该组织的转型，增加了一个直接面向学生的渠道，使我们的一些项目首次能够在学校系统之外进行。对于这样一个成立于1919年的组织来说，这种程度的突破和变革实属不易。鉴于以上种种，JA入选了《快速公司》（*Fast Company*）杂志"创新者最佳工作场所百强榜"，这

"固定－灵活－自由"是一个以人为本的框架。在这个瞬息万变的世界里,它帮助我们以不同的方式思考如何取得成就。它还帮助我们解读如何学习、如何与他人合作以及如何获得个人成长、成功和领导力的相关法则和经验。

是唯一一家与谷歌、微软和基因泰克等公司一起上榜的非营利组织。这项荣誉表彰了JA在不产生冲突的情况下跨越边界工作的能力，并肯定了我们分散的团队通过协作共同推动组织发展的方式。

所有这些工作都得到了"固定－灵活－自由"框架的支持。

"固定－灵活－自由"读起来朗朗上口，它的取名者是全球人力资源公司万宝盛华集团（Manpower Group）的董事长兼首席执行官乔纳斯·普莱辛（Jonas Prising）。该公司在全球范围内雇用了50多万名员工。2015年我加入JA时，乔纳斯是其董事会副主席和战略委员会主席。我们与富有远见的董事会主席弗朗西斯科·凡尼迪·阿奇拉菲（Francesco Vannid Archirafi）一起，与世界各地的同事合作制订了一项名为"志存高远"（Raising Aspirations）的JA全球战略新计划。这个想法很简单：既然JA专注于让我们所服务的青少年树立远大的志向，我们自己也应该志存高远，并利用我们的全球网络来扩大我们的影响。JA在全球拥有庞大的青年人覆盖网络，其合作伙伴数量现已超过任何其他非政府组织（NGO），其中包括众多《财富》（*Fortune*）500强企业。因为我们把自己看作一个全球性组织，而不是300多个独立的法律实体，因此我们向自己提出了这样一个问题："我们如何才能合作利用这些资产为世界做更多的事情呢？"

在思考这个问题时，我在万宝盛华集团跟随乔纳斯，就像JA的学生跟随我们进行职业观摩一样，这是我们"职业观摩"项目的一部分。每天我都沉浸在这位《财富》500强企业CEO的生活中，与他和他的直接下属一起参加会谈，开展电话会议，讨论跨地域工作和授权团队所面临的挑战。当时他正在万宝盛华集团尝试开发"固定－灵活－自由"框架，当他向我介绍该框架时，我立刻就喜欢上了它，主要是因为它旨在为不同国家的决策权提供清晰的界定。

"固定－灵活－自由"框架正是JA所需要的，它不仅可以明确决策权，还可以增强我们网络化组织中各级团队的能力，以便更快地实现变革。我问乔纳斯，这个框架可不可以借鉴给JA，他不仅告诉我可以借鉴，还鼓励我放大和改造这个框架，并将它变成我们自己的东西。而这正是我们在区域和全球框架内为个人和本地团队赋权的做法。

最初，"固定－灵活－自由"框架在JA有非常明确的定义。该框架分为三个部分：第一部分是固定式课程，意味着全球性，适用于JA所有国家办事处的指导方针、实践和规则；第二部分是灵活式课程，意味着区域性，使欧洲和非洲等地的区域领导和团队能够创建自己的指导方针、实践和规则；第三部分是自由式课程，意味着本地化，授权每个地区的实体团队就如何服务学生和实现可持续性发展的问题做出决定。该框架清晰简洁，有助于我向当地、区域、国家和全球的6000多名JA董事会成员解释，如何根据地区差异和当地需求定制具有凝聚力的全球战略。这样做的好处不仅体现在组织层面，也体现在个人层面。在个人层面，工作人员可以使用通用语言的通用框架，自行决定实施市场营销、项目设计、创收、人员发展以及JA工作中许多其他要素的最佳方式，而无须在JA的众多实体之间协商和重新谈判运营协议。

随着"固定－灵活－自由"框架的深入人心，我们意识到该框架还允许根据地点和时间进行定制，而这正是大多数等级制度、特许经营、网络和规则手册所不允许的：享有更多的自主权和定制……一切机会。就在那时，我开始思考，"固定－灵活－自由"框架是否可以改编成针对个人的课程，尤其是有志成为领导者和正在为自己的职业生涯做准备的JA学生。

固定、灵活和自由三个维度有助于提高我们的适应能力，这对于当今瞬息万变、全球多元化的世界来说至关重要。为个人定制生活和职业课程提供更多的自主权和机会，这无疑是我自己需要的，也是我想与他人分享的，尤其是我的双胞胎儿子亚历山大和艾略特，他们即将中学毕业，并步入大学殿堂。

因此，我重新构想了"固定－灵活－自由"框架，将其作为个人学习现代成就课程的方法。

固定

即使我们周围的世界在变化,固定式课程的核心也不会改变。它们与有关成就的经典研究和著作相联系,并对其表示敬意,还会督促你脚踏实地地探索更灵活、更自由的课程。你可以把它们看作一切游戏的基本规则:无论游戏在何时何地进行,也无论游戏者是谁,它们都适用。

灵活

随着时间的推移以及生活和工作地点的变化,灵活式课程迫使你从更广泛和不同的角度思考(即更灵活地思考)你正在做的事情。在你的成长过程中,它们会帮助你修正或重新考虑你的想法,并为你的新理解提供解释。背景很重要!你可以把它们看作团队和个人在玩游戏时使用的策略:他们遵循游戏规则,但会根据游戏对象、地点和时间调整方法。

自由

自由式课程就是教你如何对自己进行设计和创新的课程。它们迫使你创造性地思考自己的独特优势。它们鼓励你建立自己的激情,了解自己的价值观,接受差异,并将自己的优势和故事与他人联系起来。将"自由状态下的你"想象成团队中的一名运动员:在成长的过程中,你如何通过个人努力和团队合作,最大限度地发挥自己的潜能,让自己和团队(即他人)同时走向成功?

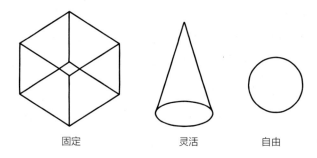

固定　　　　　灵活　　　　　自由

将固定式课程、灵活式课程和自由式课程想象成一个结构的三个维度。每一个维度都有自己的长度、宽度和高度,三者共同定义了这一结构。这些课程填满了每个维度的空间:固定式课程支撑着你,不管你周围发生了什么变化；灵活式课程让你在成长中保持稳定；自由式课程则让你在世界面前脱颖而出。如何平衡这三个维度中的课程，决定了你的"成就金字塔"的形状。如果你学会了平衡这三个维度，那你不仅会取得成就，还会成长为未来劳动力和工作场所需要的领导者。如果其中一个或两个维度超重，你的"成就金字塔"就会变得摇晃不稳。

例如，那天我在纽约和厨师一起学到的自由式课程（接受自己无知且无经验的事实），主旨在于探索未知，努力去扮演自己不习惯的不同角色，从而实现自我创新，并学习新技能，创造自己想要的生活。简而言之，那天早上在纽约，我之所以毫无头绪，是因为我选择了那份实习工作和那项任务。所以，请选择让自己置身于能够学习新事物的环境中，即使这些环境并不是通往成功的直线式路径，但它们会为你提供设计和创造未来的多种机会。

但就像这本书中的所有课程一样，这一课也有其局限性。虽然尝试新事物、承担新工作和新任务的风险是通往成功之旅的一部分，但如果不了解自己的价值观和做此选择的原因，你就无法找到通往成功的道路，更不用说改变现有的结构了。因此，你不能把懵懂当作愚昧无知的借口。在接受任务之前，我并没有对西班牙凉菜汤进行研究，这让我过于僵化，没有考虑到汤可能是凉的。当主厨在我点评完汤后愤然离开时，他让我领悟到自己有多无知。从那时起，我学会了如何开展工作，如何在我的自由式课程与固定式课程以及灵活式课程之间取得平衡，这帮助我在现有的组织结构中取得了成功。

这种平衡推动着我不断前进，帮助我培养了现代成就所需要的自我效能感（相信自己有能力成功的信念）。正如马歇尔·古德史密斯所说，自我效能感源于个人责任。你需要为"固定－灵活－自由"框架的每一个维度承担责任。在学习的过程中，你会发现自己比想象的更有力量。从建立人际关系、发展新技能到探索副业、调节你的工作精力、重塑你对情境的积极或消极反应，以及学会要求自己做得更多和做得更好……如果你采用"固定－灵活－自由"方法，你可以选择控制和影响的东西太多了，这样，你不仅可以取得更多的成就,而且还能取得更好的成就。

使用这个框架,可以让你在不同的组织结构中取得成功,并学会合作和妥协,让自己置身于开放的环境中,让你去探索、检验自己的假设,并找到自己的价值、目标和激情。我之所以说"可以",是因为该框架旨在让你按照自己的意愿书写自己的故事。

马歇尔讲堂:阿希什向我(还有你们)提出的挑战

这本书给了我一个特别的机会,让我能够帮助年轻有为的成就者和胸怀大志的领导者。你们对于我们的未来至关重要,但我却很少有机会与你们这些成就之路刚刚起步的有志青年交流。在我的职业生涯中,我大部分时间都在与企业高层人士打交道,为顶级教练和高管提供指导,或者为那些即将达此境界的人提供帮助。当我写《管理中的魔鬼细节:突破阻碍你更成功的20＋1个致命习惯》这本书时,我是在为成功人士写作,我想让他们更加成功。他们的辛勤工作已经有了回报,但有些东西却阻碍着他们达到更高的境界。那就是他们自己,即他们的行为和习惯,以及不惜一切代价取胜的欲望。他们需要学会摆脱自己的心理枷锁。

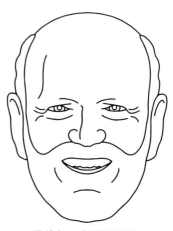

马歇尔·古德史密斯

在与这些人共事的过程中,我学到了很多东西,也越来越擅长帮助他们。阿希什向我提出了新的挑战。我不仅要指导他(这也是我乐于做的事情),还要思考我所学、所做并将继续做的事情如何能够以积极的方式帮助潜能无限的成就者和志向远大的领导者。这与我过去所做的事情截然不同,它给了我前所未有的启发。

阿希什拥有独特的人生感悟和体验,这是我所认识的人和读过的书中从未出现过的。他的创业故事、教育历程、创新的领导风格,以及他现在作为 JA 领导人所承担的艰巨工作（这份工作将他与全世界数以百万计的年轻人联系在一起，让他有机会了解他们的见解和想法），这些因素结合在一起，就形成了他的独特之处。

几年前，阿希什荣获"谢家华"领导力奖。谢家华是美国网上鞋城美捷步公司（Zappos）的创始人，也是《奉上幸福》（*Delivering Happiness*）一书的作者。该奖项旨在表彰那些通过赋权而非控制、通过影响力而非权威来领导他人的人。也就是说，我认为阿希什在这本书中为有抱负的领导者提供的建议正是如此，我鼓励他基于自己的个人经历和成长历程来阐述这些建议，而我则试图用我自己的经历和建议来补充他的观点。阿希什已经学会了我几十年前开始自己的成就之旅时所做的事情，这也是我俩都想让你们明白的东西：你越善于在职业生涯之初做出积极的改变，努力克服不良习惯和行为，以免其影响你作为领导者的形象，那么，作为一名领导者，你为自己取得的成就和为他人做出的贡献就越大。

如何阅读本书中的 30 节"成就课程"

你可以控制和影响的事情还延伸到了你如何阅读本书中关于现代成就的 30 节课。你可以随心所欲地参与其中。让你的好奇心指引你。现代人的成就包括生活成就和工作成就，因此，本书中的"成就课程"有两种划分法，一是根据"固定－灵活－自由"框架来划分，二是根据"自我修炼"（生活）和"职场进阶"（工作）两个维度来划分。但两种划分法都未取得直线式进展。我试图以最容易一起阅读的方式对它们进行排序，但每个部分和每种划分的课程都不是按顺序排列的，而是基于我和他人的行为观察得出的。这些课程并不全面，但会无限延伸。本书中涵盖的课程都是经过各个年龄段的成就者审核后修订的，但你也可以对它们进行重新表述和补充。在本书之外，还有更多课程可以帮你了解自己并看清自己在这个世界上的位置。无论你如何学习这些课程，只要遵循"固定－灵活－自由"框架的各个维度，你就会明白这些课程对你的成就之旅和幸福感的价值。

目 录

本书的赞誉

我的（还有你们的）现代成就故事

导言课　遵循"固定-灵活-自由"框架，开辟成就之路
　　　　马歇尔讲堂：阿希什向我（还有你们）提出的挑战
　　　　如何阅读本书中的 30 节"成就课程"

第一部分　固定式课程

自我修炼

第 1 课　精英统治并未消亡 / 003
　　　　延伸阅读经典范例 / 006
　　　　马歇尔讲堂：付出努力，"赢得"成就 / 008

第 2 课　你不能靠抱怨来获得幸福生活 / 010
　　　　延伸阅读经典范例 / 014
　　　　马歇尔讲堂：务实的乐观主义 / 015

第 3 课　写下你的决心清单 / 017
　　　　延伸阅读经典范例 / 022
　　　　马歇尔讲堂：我的"每日一问"清单 / 023

第 4 课　元学习和元思考 / 025
　　　　延伸阅读经典范例 / 029
　　　　马歇尔讲堂：如何成为你想成为的人 / 030

第 5 课　在屏幕之外建立线下联系 / 032
　　　　延伸阅读经典范例 / 034
　　　　马歇尔讲堂：成功人士为建立良好关系所做的四件事 / 036

职场进阶

第 6 课 展示你的故事 / 039
  延伸阅读经典范例 / 044
  马歇尔讲堂：你有哪些秘密本领需要隆重揭秘？/ 045

第 7 课 保持较低的个人消耗率 / 046
  延伸阅读经典范例 / 048
  马歇尔讲堂：付出努力，赢得丰盈人生 / 050

第 8 课 向父母以外的人寻求建议 / 052
  延伸阅读经典范例 / 056
  马歇尔讲堂：寻求帮助 / 057

第 9 课 做一个好徒弟 / 059
  延伸阅读经典范例 / 063
  马歇尔讲堂：信誉矩阵 / 065

第 10 课 寻找能推动你的人 / 068
  延伸阅读经典范例 / 072
  马歇尔讲堂：你的抱负可以推动你前进 / 073

第二部分　灵活式课程

自我修炼

第 11 课 重塑思维，了解"尚未"一词的威力 / 077
  教练之角 / 081
  马歇尔讲堂：当我们过度关注成就时会发生什么 / 083

第 12 课 关注权重，而不只是分数 / 085
  教练之角 / 088
  马歇尔讲堂：不选择也是一种选择 / 090

第 13 课 将教育视为投资回报，而不只是投资 / 092
  教练之角 / 095
  马歇尔讲堂：投资于你的声誉 / 098

第14课　按顺序执行任务，拒绝多任务处理 / 100

　　教练之角 / 103

　　马歇尔讲堂：算了吧，随它去吧 / 107

第15课　拥抱混乱，欣然接受烂摊子 / 109

　　教练之角 / 113

　　马歇尔讲堂：想象力的缺失会让你裹足不前 / 118

职场进阶

第16课　将"或者"改成"并且" / 121

　　教练之角 / 123

　　马歇尔讲堂：驱动目标的关键词不是"或者"，而是"并且" / 127

第17课　不要让反馈阻碍你走向成功 / 129

　　教练之角 / 133

　　马歇尔讲堂：试着用"前馈"代替"反馈" / 135

第18课　学会在简单与复杂之间取得平衡 / 137

　　教练之角 / 140

　　马歇尔讲堂：我是不是很聪明，他们是不是很傻 / 143

第19课　让他们想要更多 / 144

　　教练之角 / 147

　　马歇尔讲堂：不要让他们想要的越来越少 / 149

第20课　把别人的目标变成自己的目标 / 151

　　教练之角 / 156

　　马歇尔讲堂：倾听是为了沟通，而不是批判 / 158

第三部分　自由式课程

自我修炼

第21课　接受自己无知且无经验的事实 / 163

　　年轻有为者的故事 / 169

　　马歇尔讲堂：学习英雄好榜样 / 172

第 22 课　创造养精蓄锐的时间 / 175
　　　　　年轻有为者的故事 / 180
　　　　　马歇尔讲堂：六秒练出六块腹肌？世上没有速效药 / 183

第 23 课　立即行动 / 186
　　　　　年轻有为者的故事 / 190
　　　　　马歇尔讲堂：棉花糖的诱惑！丰盈人生的延迟满足成本 / 192

第 24 课　接受不同的体验 / 196
　　　　　JA 领导者的成就故事 / 200

第 25 课　自由规划你的"自我修炼" / 205

职场进阶

第 26 课　设计你的激情 / 207
　　　　　年轻有为者的故事 / 212
　　　　　马歇尔讲堂：解决你的二元对立问题，成为你想成为的人 / 214

第 27 课　走向多元化职业道路 / 217
　　　　　年轻有为者的故事 / 222
　　　　　马歇尔讲堂：给高潜力人才的九个忠告，让他们的职业生涯一帆风顺 / 225

第 28 课　结交与你相差 5~10 岁的朋友 / 229
　　　　　年轻有为者的故事 / 231
　　　　　马歇尔讲堂：竖起耳朵认真听 / 235

第 29 课　分享你的故事，激励他人的斗志 / 238
　　　　　JA 领导者的成就故事 / 243

第 30 课　自由规划你的职业生涯 / 248

结论课　开启"固定－灵活－自由"模式，奔赴成就之旅 / 249

鸣　谢 / 253

作者和插画家简介 / 256

第一部分　固定式课程

即使我们周围的世界在变化，固定式课程的核心也不会改变。你可以把这些课程想象成任何游戏的基本规则：无论游戏在什么时间、什么地点进行，也无论谁在玩，它们都适用。这些固定式课程还与该领域堪称经典的关于成就的研究和书籍相关，也是对这些研究和著作的致敬，对我、马歇尔和其他无数领导者都产生过影响。你可能知道一些。你也许读过拿破仑·希尔的《思考致富》，或者戴尔·卡内基的《人性的弱点》（How to Win Friends and Influence People），它们至今仍是最畅销的书籍。还有一些名字，你可能不太熟悉，比如，齐格·齐格拉（Zig Ziglar）、弗朗西斯·赫塞尔本（Frances Hesselbein）、罗斯福·托马斯（Roosevelt Thomas）、史蒂芬·柯维（Stephen Covey）、吉姆·罗恩（Jim Rohn,）、彼得·德鲁克（Peter Drucker）和博恩·崔西（Brian Tracy）。但他们的许多经验对于现代成就中的固定式课程来说，与过去一样具有突出的意义和影响力，这就是为什么这一部分的每一节课都会介绍一些有关成就的书籍和其他作品，作为"延伸阅读经典范例"。

尽管如此，当我使用"经典"一词时，我也指一些我认为是现代经典的新书，比如，安杰拉·达克沃思（Angela Duckworth）的《坚毅：释放激情与坚持的力量》（*Grit: The Power of Passion and Perseverance*），卡罗尔·德韦克（Carol Dweck）的《终身成长：重新定义成功的思维模式》（*Mindset: the New Psychology of Success*），基思·法拉奇（Keith Ferrazzi）的《别独自用餐》（*Never Eat Alone*），琳达·希尔（Linda Hill）的《上任第一年1：从业务骨干到团队管理者的成功转型》（*Becoming a Manager: How New Managers Master the Challenges of Leadership*）和罗伯特·瓦尔丁格（Robert Waldinger）的《美好生活：历时85年哈佛幸福研究给我们的启示》（*The Good Life: Lessons from the World's Longest Scientific Study of Happiness*）。这些作者以及其他作者的作品也在后面的"延伸阅读经典范例"中有所介绍。当你探索更加灵活和自由的课程，欣然接受现代成就的进程，并晋升为领导者的时候，这些固定式课程会帮你打下坚实的基础。

下面的第一组课程关注的是你的生活（自我修炼），第二组课程关注的是你的工作（职场进阶）。

自我修炼

第1课　精英统治并未消亡

第2课　你不能靠抱怨来获得幸福生活

第3课　写下你的决心清单

第4课　元学习和元思考

第5课　在屏幕之外建立线下联系

第1课
精英统治并未消亡

我在本书的开篇就向大家介绍过,在我和哥哥阿尼尔的成长过程中,父母给我们传达的信息很明确:教育很重要,努力就会有回报。尽管他们挣的钱不多(父亲是IBM的一名工程师,为了出人头地,他晚上学习计算机科学,而我的母亲则是一名秘书),但他们的辛勤工作使我们得以从移民社区的小公寓搬到郊区的房子里,随着经济前景的改善,我们每隔几年就搬一次家。你也知道,我花了比阿尼尔更长的时间才切实领会到父母传达的信息,他们的谆谆教诲最终深入我心,这也是我无法接受当下"精英统治已死"思潮的重要原因。

请不要误解我的意思:我并不认为我们生活在一个任人唯贤的精英世界里。精英统治指的是一种人人各尽所能、各取所需的制度,在这里,能力、成就和功绩最为重要,它们决定了人们如何被选中担任职位,以及我们如何获得成功、权力和影响力。当阶级、种族、民族、性别或其他个人特征对我们度过一生的方式、他人对我们的看法以及我们进入某些机构的途径产生巨大影响时,任人唯贤的理想显然会大打折扣。

高等学府录取制度就是精英统治的一大败笔。沃顿商学院的组织心理学家、畅销书作家亚当·格兰特(Adam Grant)指出:"在美国,那些被哈佛大学、普林斯顿大学、斯坦福大学和耶鲁大学录取的学生,大多来自收入前1%的家庭,而不是收入后60%的家庭。"有几本重要著作对这种不平等现象进行了深入探讨,并探索了精英统治的明显谬误和绝对问题。其中两本的书名就足以让你肃然起敬:一本是丹尼尔·马科维茨(Daniel Markovits)的《精英陷阱:美国的优绩神话如何助长不平等、瓦解中产和吞噬精英》(*The Meritocracy Trap*: *How America's Foundational Myth*

Feeds Inequality, Dismantles the Middle Class, and Devours the Elite），另一本是迈克尔·约瑟夫·桑德尔（Michael Joseph Sandel）的《精英的傲慢：好的社会该如何定义成功》(The Tyranny of Merit：What's Become of the Common Good）。

事实上，"精英"的概念及其引申开来的"优绩"一词，就是一个避雷针，以至于我咨询的一些人呼吁为这一主题取一个不那么"挑衅"的标题，比如"努力就有回报"或"努力很重要"。但这种说法回避了努力和优绩之间的关系：**非凡的成就需要你做任何事都付出非凡的努力，从你的教育、你的工作到你的人际关系，以及你对他人的友善和同情**。这句话的言外之意是：你必须相信努力会有回报。对我来说，这意味着要挑战"择优录取"的条件，而不是完全放弃这一理念。

无论你的出身是富贵还是贫寒卑微，你的成功仍有一部分取决于你赢得成功的途径，而这一点又恰恰建立在勤奋和努力的基础之上。如果你不付出时间和努力去磨炼天赋、抓住机遇，那么，即使是与生俱来的天赋和无限的机遇也只能帮你到这里，你无法达成最终目标。生活中没有什么是绝对的。即使90%的成就受到环境、身份和许多"主义"的限制，但基于个人努力的10%是必不可少的。但是，如果成就仅仅与努力有关，那么，进步、知识和成长的乐趣又在哪里呢？"优绩"不只是你因工作和努力而获得的奖励或补偿，更是你对这些东西的感受。你可以拼命努力，但你需要有一个内在指南针来告诉你什么是优绩主义，这样你才可能取得成就。换句话说，"优绩"和"成就"之间是互相需要的关系。

这种精英主义的信念对我来说是建立自我效能感（相信自己有能力实现目标）的关键。我第一次学会这一点是因为我克服了自己的口吃，并获得了在学校表现出色的信心。我还通过课外活动（如加入JA）培养了自我效能感。无论是像我这样的课外俱乐部还是规模更大的俱乐部，JA在学校内外都有几十个项目，让你通过职业观摩和身临其境的体验了解商业世界，通过角色扮演培养金融知识技能，并通过成为一名企业家而建立信心。在JA，你在实践中学习。例如，JA的公司计划教导青少年用真实的产品或服务创建企业，并在青少年团队中担任领导角色和拥有职务头衔，比如 CEO、CFO（首席财务官）和其他行政职务。作为一个患有慢性语言障碍的孩子，没有什么比成为一家学生企业的 CEO，并在一屋子的朋友面前讲话更能让我树立信心了，尽管我说话磕磕巴巴，但他们还是尊重我并听从我的领导。我非常喜欢这段经历，它促使我为学生同伴们发起了一场多校投资竞赛，在我进入高中时我担任了更多的领导角色。

为了建立自我效能感，以转折、调整、适应、应对或创造变化，你必须在自己身上培养出同样的机智。你还需要努力寻找榜样的力量，你需要能推动你前进的人常伴你左右。你如何找到这些人呢？

首先要做一点调查。看看你的周围：你能以谁为榜样，说"如果他们能做到，我也能做到"？作为一个移居加拿大的印度孩子，我曾为第一批当选的南亚裔政治家穆拉德·维尔希（Murad Velshi）的政治竞选做志愿者工作。参与他的竞选活动让我意识到，我渴望的确实不仅仅是父母希望我得到的一份稳定的政府工作。在高中最后一年参加大学入学面试时，我在大学面试官身上找到了另一股榜样的力量。他是世界上最大的律师事务所之一的合伙人。面试地点就在他的律师事务所，在那里可以俯瞰多伦多的天际线。虽然他的长相和穿着与我毫无相似之处，但他是一个很好的沟通者，温暖热情、令人钦佩、和蔼可亲、体贴入微，这让我想要成为他那样的人，不仅仅学他当律师，还要学他做人。

> 现在花点时间，列出五位与你背景相似的人。了解你所知道的关于他们成功的信息，比如：他们是如何做到的？为什么会做到呢？然后，反思一下你为什么选择他们作为榜样。

识别和研究这些榜样可以让你形成自己的"成就心理模型"，并突破那些让你认为自己无法完成事情的障碍。他们还会帮助你想象成功对你来说是什么样子的——从物质上的东西，到爱和幸福，到你想住在哪里、想学什么、想在哪里工作和如何工作，再到你想在这个世界上产生什么样的影响。你要努力将所有目标可视化，从而集中精力实现这些目标，并建立自我效能感。

你要在脑海中想象自己成功的画面，这会吸引成功人士向你靠拢，而你也需要这些人来支持你实现目标。在生活和领导力方面，你需要别人的帮助。你需要他们在经济上、身体上、情感上和精神上的帮助。你需要让他们支持你的观点。**我坚信，与他人的合作与竞争并不是相互对立的力量，它们往往是成就卓越的最佳组成部分，可以促成良好的人际关系。**而贯穿本书的"成就课程"都与人际关系有关，人际关系能给你带来更多的成就感和幸福感，并能帮助你更积极地思考问题，这是自我效能感的另一个关键因素。但同样，要建立人际关系，光靠努力是不够的，尤其是在你渴望成为领导者的时候。人们需要相信你，你也需要相信他们。但如果你不相信自己会成功，为什么别人会相信你会成为一个领导者呢？你的自我效能感可能是让人们支持你或你的想法，克服你将面临的不可避免的障碍，处理和创造你所寻求的变革等方面的关键因素。

❝ 延伸阅读经典范例 ❞

拿破仑·希尔和博恩·崔西是我们在本书中讨论的关于成就的经典著作的两位重要作者，他们并非出身优越，因此非常重视勤奋和努力。

对拿破仑·希尔来说，勤奋和努力是他在著作《个人成就的科学》中提出的第五条原则"永远多走一英里"⊖的基石。他列出了努力能给你带来优势的几个原因，包括"回报递增法则"（报酬增加）、"关注和好评"（不遗余力地为他人做事可以吸引他人对你的关注）、"积极愉悦的心态"（积极的心态可以吸引积极的回馈），以及"调动个人主动性"（为自己创造机会）。

另一方面，博恩·崔西则把通过努力获得自我效能感放在首位。《最大成就》一书第一章的标题是"让你的人生成为杰作"，其主旨就是努力将自己的成功形象化，即"在你的人生画布上描绘一幅杰作"。虽然环境

⊖ 1 英里 =1609.344 米。

我坚信，与他人的合作与竞争并不是相互对立的力量，它们往往是成就卓越的最佳组成部分，可以促成良好的人际关系。

会影响你作画的方式，但我们的大多数限制都是自我施加的。崔西写道："你认为自己有多大的能力，你就有多大的成绩。"对崔西来说，伟大的成就始于对成功的想象和憧憬：我们选择能让我们在工作中感到快乐的事情，然后选择全身心地投入到对这些事情的追求中。

我还想让大家思考一下这一课与哈佛商学院教授琳达·希尔的领导力研究之间的联系。自从希尔为她的《上任第一年1：从业务骨干到团队管理者的成功转型》一书进行最初的调研以来，她一直在琢磨一个人成为老板后所涉及的个人转变。根据她的研究，这种转变会变得越来越困难。最重要的原因是什么呢？"在（管理者）之前的工作中，成功主要取决于他们个人的专业知识和行动。"希尔写道，"作为管理者，他们要负责为整个团队制定和实施议程，而他们作为个人执行者的职业生涯并没有为此做好准备。"没有任何框架能让你为没有人要求你做的事情做好充分准备，但这节课和本书中的其他课程旨在帮助你建立自觉意识和自我效能感。你还需要努力学习本节课，以应对希尔在《哈佛商业评论》(Harvard Business Review)中所写的挑战："为你的成功创造条件。"正如希尔所说："新上任的管理者要做的不只是确保其团队在当下顺利运作，他们还必须提出建议和发起变革，以帮助其团队在未来取得更好的成绩。可惜，他们发现这一事实时往往为时已晚。"

马歇尔讲堂：付出努力，"赢得"成就

我在肯塔基州的山谷站长大，穷得叮当响，我上学的地方连个正经厕所都没有。我就读的高中在全州的学业成绩排名中倒数第二。该校的学生成绩普遍差。然而，在和我一起上小学的同学中，只有20%的人能顺利从那所高中毕业。幸运的是，我还是遇到了一些很棒的老师，我还有一个其他同学都没有的内部优势：我的母亲曾经是一名一年级的老师。我之所以说"曾经"，是因为我父亲认为女人不应该工作（这也是我们家如此贫穷的原因）。因此，她只好留在家里"料理家

务"，其中一项"家务"就是花时间教我学习。到了上学的年纪，其他孩子还在努力掌握"1+1"的概念，而我已经学会了"加减乘除"运算法。上学的第一天，我就告诉我妈妈，我是世界上最聪明的小孩子！

我继续努力，克服了毕业的种种困难，在印第安纳州的罗斯-霍曼理工学院（这也是我 2023 年获得工程学荣誉博士学位的学校）获得了数学经济学学士学位，随后在印第安纳大学凯利商学院获得了 MBA 学位，并在加利福尼亚大学洛杉矶分校安德森商学院获得了博士学位。最后，我在新罕布什尔州的达特茅斯学院找到了一份工作。在加利福尼亚大学洛杉矶分校快毕业时，我遇到了保罗·赫西（Paul Hersey），他是一位开创性的组织行为科学家，曾经教授和培训过顶级商业领袖。保罗让我跟着他走，我吸收了他的方法。有一天，他问我是否认为我能做他所做的事情，然后他让我试一试。当我赢得大都会人寿保险公司极端保守的高管们的支持后（大抵是因为我不怎么讨人嫌），我便开始正式与保罗合作了。这让我走上了建立自己的管理教育事业的道路，过上了小时候在学校"蹲厕所"时从未想象过的生活。

说到"赢得"一词：当你考虑自己的目标时，这是一个重要的关键词。即使我生来就享有特权，我的成功也不是当之无愧的，除非这是我付出努力赢得的。真正靠努力赢得的东西需要你全力以赴。但靠努力赢得的丰盈人生意味着更多。当我们每时每刻所做的选择、承担的风险和付出的努力都与我们生活中的首要目标一致时，不管最终结果如何，我们就过上了"努力赢得的丰盈人生"。我意识到"最终结果"的想法有悖于实现目标的经典定义：设定一个目标，努力工作，赢得金钱回报。但是，你努力赢得的东西必须比你的个人野心更重要。目标和奖励固然重要，但为实现目标而付出的努力必须与更高的目标相联系。这就是"赢得"的意义，不仅仅在于目标。

今天，你更高的目标是什么？问问自己，并在成长过程中不断重新审视自己的答案，使自己的努力与目标保持一致。你要全力以赴，"赢得"迈向目标的每一步，并使之成为一种习惯。就像你出生的环境一样，结果或奖励并不总是公平公正的，但你从这些奖励之外获得的感觉，将推动你在成就之路上产生自我效能感。

第 2 课
你不能靠抱怨来获得幸福生活

小时候,妈妈给我讲过一个印度神话里的故事,讲的是两个兄弟只有一个老师。他们的任务之一就是出去寻找能教他们新技能的人。大哥回来后对他的老师说:"我遇到的每个人都有一些我没有的技能,所以我可以向每个人学习。"二弟回来说:"我拥有的某些技能是我遇到的每个人都不具备的,所以我无法向任何人学习。"

我试着像这个故事中的大哥一样看待这个世界:充满了向别人学习的机会。随着我在事业上的进步,我在学习新事物时变得更加自信,而这种学习大多是通过与他人的互动以及在所有互动中寻找积极的一面来实现的。今天,当我展望未来时,我仍然觉得还有很多东西要学,还有很多事情要做。

虽然母亲给我讲的故事影响了我的世界观,但它并不能完全解释我为什么会以这种方式看待世界。我的朋友们曾经试图弄清楚这个问题。我参加了青年总裁组织(YPO)的一个"论坛",这个论坛由 8 个朋友组成,每月聚会一次。在我们的一次论坛务虚会上,我们聘请了一位专业的主持人,他要求我们更深入地了解彼此。就我而言,我们探讨了我不懈的乐观主义和向所有人学习的态度。结论是,作为一个来自印度的年轻移民,我努力融入我的第二故乡加拿大,向我所能学习的一切人和事学习,这样我就能适应我的新环境。我一定是把每一次负面经历都变成了正面经历,以此作为避免不快乐的应对机制。这就形成了一种良好的习惯,并成为一种贯穿一生的、根深蒂固的做法。我不知道我在论坛上的分析是否准确(其他有类似移民经历的人给出了不同的结果,也表现出了不同的行为),但我的分析结果肯定了乐观主义和求知欲与我个人密不可分。

我以一种乐观的方式看待世界，这让我成为一个更快乐、更成功的人。我继续在一切事物中寻找好的一面，并努力保持和确保我所接触的每个人都拥有这种信念。但这不只是我的信念。一项又一项的研究表明，乐观主义者在生活中会有更好的表现，更有韧性，也活得更健康长寿。

大多数人提到的第一项研究是由马丁·塞利格曼（Martin Seligman）博士完成的。塞利格曼博士被誉为"积极心理学之父"，1982年被大都会人寿保险公司聘请为顾问，其职责是分辨出哪些销售人员会更成功，从而降低培训成本。他开发了一项测试，发现在1.5万多名参加公司员工筛选测试的人中，乐观主义者比悲观主义者的销量高出56%。时至今日，大都会人寿保险公司仍在招聘乐观的专业人士，通过员工留任和增加市场份额，为公司节省了数千万美元。

乐观主义者更容易成功的一个重要原因是，当他们遇到挫折时，他们不会让挫折永远持续下去。他们会想，"下次我会解决这个问题"或"一切都会好起来的"。而悲观主义者则认为挫折是永久性的。他们会想，"没有什么是可以修复的"或者"我们注定要失败"。你越少对世间万物抱永久化的态度，你就越能充满活力和热情地经历失败和成功，并建立自我效能感，即相信自己会成功的信念。一旦你相信自己会成功，你成功的机会就会增加。事实上，"自我效能感"一词来自心理学家阿尔伯特·班杜拉（Albert Bandura）的开创性研究。他发现，将消极的想法转化为积极的想法是发展自我效能感的关键因素之一。乐观主义思维能够增强人的自我意识，而悲观主义思维则会更加削弱人的意志。

以乐观主义者的眼光看世界，并不总能让我成为晚宴上受欢迎的人。我太乐观了，对八卦和抱怨没有太多耐心。我并不是说抱怨从来都没有道理，对不公正现象大声疾呼总比保持沉默要好。我想说的是，现代人如果不相信改变会发生，也不改变自己看待世界的方式，单靠抱怨是无法取得成就的。在这个"末日刷屏"的时代，生活在"回声室"中的人们通常通过抱怨对方来肯定自己的观点，这很容易陷入负面情绪的兔子洞（未知世界的入口）：抱怨"对方"错得多么离谱、多么排斥他人、多么冷漠无情。

然后,我们就去寻找其他人来点燃我们的愤怒和悲观情绪。而这往往就是目的所在:我们认死理,碾压一切妥协、谅解和其他前进方向;我们翻脸不认人,排斥那些持不同观点的人。

诚然,有一些研究表明,乐观主义者并不总是最成功的。一项研究发现,虽然乐观的员工比悲观的员工赚得多,但乐观的企业家比悲观的企业家赚得少。但我想说的是,乐观是企业家心态的核心信念。悲观主义者可能会通过商业周期赚得更多,但乐观主义者更有可能在推动创新的新行业和新产品类别中创业。

好消息是,乐观是后天习得的,而不是与生俱来的。你首先要转变思维模式,从"我不行"到"我能行",从"我的技能有限,我只会这些"到"我会在职业生涯中不断学习和成长"。不要再对世间万物抱永久化的态度。不要把挫折和失败看作对你或你整体能力的谴责(认为你什么都做不好)。这是对自我效能的悲观打击。相反,要把失败和挫折看作你可以努力学习的具体事例或技能,以及又一次学习的机会。

话虽如此,但说起来容易,做起来难。保持乐观需要付出努力,而做到这一点的最佳方法之一就是践行感恩。感恩(感谢你所拥有的一切)可以孕育乐观主义和自我效能感。例如,娜塔莉·米勒-斯内尔(Natalie Miller-Snell)是一位领导力教练,也是《把握当下》(*Seize the Day*)播客的主持人,她用她所谓的"感恩循环"(见图1)完美地诠释了这一理念。

图 1 感恩循环

好消息是，乐观是后天习得的，而不是与生俱来的。你首先要转变思维模式，从"我不行"到"我能行"，从"我的技能有限，我只会这些"到"我会在职业生涯中不断学习和成长"。

在我的家庭中，我们养成了一种习惯，即定期说三件让我们感激的事情。我们选择三件，而不是一件或两件，是有特定原因的。前一两件事通常很容易确定，比如，考试取得好成绩、比赛中进球、美餐一顿。第三件事就很难找到了，这就促使你的大脑把中性的、消极的经历变成积极的经历，比如，错过了校车，但仍然能搭车去上学；帮心爱之人处理健康问题之后仍有精力照看她。有一次，我的一个儿子把冰激凌蛋筒掉在了地上，他那天的第三个感恩事件就是他很感激有这样一个给他吃冰激凌的家庭。只用"尽管"一词就把消极情绪变成了积极情绪："尽管今天我的冰激凌蛋筒掉了，但我还是很感激有这样一个能够外出吃冰激凌的家庭。"现在你也来试一试吧，记得要坚持下去呀！

每天都要做感恩练习，以"尽管"开头，说一句感激的话，让感恩成为一种习惯。这样，你的大脑会开始从每件事中寻找积极的一面。问问你自己：**我该对什么心怀感激？**

延伸阅读经典范例

关于乐观与成就的经典文献比比皆是。拿破仑·希尔建议读者要有"积极的心态"和"讨人喜欢的性格"。戴尔·卡内基在《人性的弱点》一书中提出的方法是，使用一些体贴的技巧来帮助人们建立更牢固的关系，比如，给予真诚的赞赏，以及从对方的利益出发进行交谈。在与人打交道时，你要避免树敌，也不要使用"甜言蜜语"，这样才能赢得别人的好感。我也很喜欢马歇尔在谈及弗朗西斯·赫塞尔本（美国女童子军前执行董事，弗朗西斯·赫塞尔本领导力研究所CEO）时写的话："她从不抱怨，从不发牢骚。她总是以我们大家为中心，而不是以她自己为中心。事实上，她的第一声'战斗呐喊'就是她自豪地称自己为'B+'血型，有趣的是，'B+'代表着Be Positive，就是积极乐观的意思！"

在弗朗西斯去世前几年，马歇尔把我介绍给了她，我永远感激他的引荐。当时，弗朗西斯让我坐在她旁边，用锐利的目光直视着我，她感谢我带领 JA 走向全球化和多样化，并表达了她希望我们对全世界年轻人的影响越来越大的期待。即使过了 100 岁，她依然散发着乐观和积极的气息！

我还希望大家关注吉姆·罗恩（Jim Rohn）的一句经久不衰的名言，它可能比任何东西都更能影响你的乐观主义情绪。我也曾听过大大小小的成功人士引用这句名言："你最常联系的五个人的平均值就是你的价值。"

罗恩的职业生涯始于西尔斯百货公司，后来成为一名企业家并出版了多部著作，但这句话是他作为励志演说家使用的妙语，也被许多成功人士反复引用，他们认为这句话对他们的自我效能感和成功至关重要。与成功人士为伍，他们会推动你前进，帮助你成长，并且拥有积极向上的精神，这对你的乐观情绪至关重要。成年后，我在 YPO 论坛上发现了这一点，但在我的同学、大学时的朋友和我 20 多岁时选择的朋友中，这种情况开始得更早。我相信，如果不是哥哥相信我，鼓励父母送我去另一所学校，我的成功之路将会截然不同。哥哥改变了我的人生，让我置身于一群学习上进的孩子当中。他们让我觉得我可以成功。谁在为你做这样的事？找出这些人，并花更多的时间与他们在一起！

马歇尔讲堂：务实的乐观主义

我的使命是帮助他人和周围的人过上更快乐的生活，但在当今这个竞争激烈的世界，要保持乐观是很困难的。如果我们沉浸在生活和工作的负面影响中，沉浸在快节奏的生活中，沉浸在不断的邮件轰炸中，沉浸在全天候的工作环境中，就很容易陷入"我很可怜"的心理怪圈。如果没有积极的态度，我们就无法面对通往幸福之路上的障碍。积极的心态是一种明确的乐观和满足感，它既能带来快乐，又能赋予生活意义。但是，当我们面临严峻的形势时会发生什么呢？

在这种时候，我会告诉自己"该是什么就是什么"，而这句话就是务实乐观主义的基础。

其中,"务实"的意思是面对现实。现在不是说高兴话的时候。任何励志演讲都不会让糟糕的情况消失,尤其是像自然灾害或全球疫情这样的遭遇,而这些悲剧的发生并非你的过错。不要粉饰太平。不要跟自己玩游戏。"该是什么就是什么"。接受并面对它。"乐观主义"意味着充分利用现实,与你的决定和结果和平相处,原谅自己的任何错误,原谅别人的所作所为,并说:"好了,木已成舟。现实就是现实。现在,我们怎样才能尽可能做到最好呢?"你选择的不必是你喜欢的!但无论结果如何,不要抱怨,不要整天瞎琢磨你的选择,让它污染你的情绪,破坏你乐观向上的心态。如果你做了正确的事,尽了最大的努力,那就深吸一口气,让自己的心平静下来。

第 3 课
写下你的决心清单

大约一半的美国人会在新年许愿，写下自己的新年决心，这意味着至少有一半的美国人在新年伊始就相信自己能在某些方面做得更好。这就是乐观主义！也许并不令人意外，由于我天生乐观，我总是那些每年都会制定新年决心清单的人之一。我会把新年决心写进我的日志，这可以追溯到我职业生涯的起步阶段，我总是会标注出我想要实现的目标，以及我想要如何做得更多，以支持和加深我与我的孩子、妻子、父母、同事、家人和朋友，以及我生命中其他重要人物的关系。到了 30 多岁，我的决心清单演变成了我想要完成、体验和学习的待办事项计划表，比如，成为一名热气球飞行员、写一本书、环游世界。然后，每年的 12 月份，我都会读一读自己写的东西，给自己打分（打分范围是 1~5 分，我通常会给自己打 3 分或 4 分），看看自己在过去一年里的决心完成得如何，然后，在新年的 1 月份，又会写下新的年度决心清单。

然而，尽管我养成了每年都制定和回顾新年决心清单的习惯，但我并没有计划如何更好地实现这些决心，以及确保在一年中始终记得它们的内容。你可能也有类似的经历和感受。最近的调查显示，18~34 岁的人群是制定新年决心清单的最大群体，他们大多关注身体健康和心理健康。然而，据人口统计数据显示，任何群体的人都不擅长坚持自己的新年决心。所有的调查都显示，能长期坚持自己新年决心或任何重大决心的人不超过总许愿人数的 10%。大多数人甚至在 1 月份之后就不再坚持了。许多人只坚持了一周就放弃了。

我们在决心方面的失败，有些是由于设定了不切实际的目标，并且在追求这些目标时没有关注拿破仑·希尔所说的"目标的明确性"。有些是因为"计划谬误",即我们低估了一个项目、行动或改变需要花费的时间、金钱和努力,乐观的人往往会成为这种误判的受害者。但更大的问题是,大多数人都遵循传统的目标导向型方法来取得成就:设定大目标,有目的、有重点地追求这些目标,在吸引力法则的作用下,你的行为就会发生改变。但这正是改变行为的决心会失败的原因:这种目标导向型方法将失败的努力等同于失败本身。

大多数目标导向型方法都将结果置于努力之上,将目标置于过程之上。我们认为,如果只是部分地实现了目标,我们就失败了,而不去庆祝那些让我们更接近实现目标的过程中取得的一个个小成功。**若想实现可持续的长期成就,就必须采取过程导向型方法(小而具体的步骤)来培养习惯,从而产生我们想要的行为变化,实现(甚至超越)我们的目标,并建立自我效能感。**

有两个人帮助我理解了这种过程导向型方法的重要性,他们就是马歇尔·古德史密斯和安杰拉·达克沃思。

直到遇见马歇尔·古德史密斯,我才充分认识到日常习惯对提高自我效能感的力量。马歇尔的《自律力:创建持久的行为习惯,成为你想成为的人》一书为我们开出了一剂处方,让我们承担起改变行为的个人责任,并认识到让人退步的环境和心理触发因素。他的建议之一是使用"主动提问"的日常惯例,每天都要问自己:你为解决某个问题做了些什么?在这个过程中,提问的方式比问题的内容更重要,因为每个问题都是为了衡量你的努力,而不是结果。

这一部分的标题之所以叫固定式课程,是因为在你追求成就的过程中,问题会不断变化,但提出问题的过程永远不会停止,这是固定不变的趋势。当马歇尔把我纳入他为《丰盈人生:活出你的极致》一书而组建的"人生计划复盘(LPR)小组"时,我就深深地明白了这一点。这群人就像打了兴奋剂的"自律人"。整个夏天,从首席执行官到奥林匹克运动员在内的50位杰出人士纷纷前来报到,向我们报告他们在解答我们提出的广泛问题方面的进展情况:**我有没有尽全力成为一个好伙伴?我有没有尽全力**

若想实现可持续的长期成就，就必须采取过程导向型方法（小而具体的步骤）来培养习惯，从而产生我们想要的行为变化，实现（甚至超越）我们的目标，并建立自我效能感。

成为一个好父亲？我有没有尽全力提高网球水平？我们制作了一张电子表格，按照 1~10 分的评分标准，把每个问题的自我评价写下来。如果说过去我觉得自己对自己的年度决心要求够严格的了，那跟这些超级成功的人一比，我可差远了。我们小组里没有人给自己的评分超过 6 分，因为他们看到，如果在这个过程中更加专注和努力，他们本可以取得更大的成就。

安杰拉·达克沃思帮助我更好地理解了马歇尔提问过程背后的策略，以及采取小而具体的步骤来改变行为的价值。我是在研究生阶段认识安杰拉的，当时她刚开始和我的朋友杰森约会。他们最终结婚并搬到了费城，离他们的成长地都很近。如今，安杰拉是宾夕法尼亚大学著名的心理学教授，她的第一本书《坚毅：释放激情与坚持的力量》已经成为现代经典，它帮助我形成了对人类行为和性格的看法。在书中，她将"坚毅力"定义为"对长期目标的激情和毅力"。那么，我们如何找到实现这些目标所需要的持续兴趣呢？我们要把大事情分解成小事情。她引用了阿尔伯特·班杜拉的研究成果（参见第 2 课），班杜拉发现，当两组成绩相同的小学生学习数学时，学会将作业分解成更小目标的学生比试图一次性学完所有数学知识的学生最终取得的成绩更高。事实上，安杰拉在写《坚毅：释放激情与坚持的力量》时就是用了这种方法：当她想到要一口气写完整本书时，她就不知所措，也毫无进展；当她把整本书分解成最小的单元，即只写一句话时，她在成功写完一句话的基础上又写了一句，然后又写了一句……

马歇尔的"日常问题"和安杰拉的"坚毅"只有在安杰拉所说的"有意识地、持续地观察我们的行为"或"自我监控"的情况下才能发挥作用，这有助于我们在追求目标时促进学习。她写道："一旦我意识到我没有去健身房，我就会问自己为什么。也许我会发现我的健身计划有点无聊，我应该试试慢跑或瑜伽。或者，我需要把去健身房这件苦差事和我绝对喜欢做的事情捆绑在一起，比如，和我最好的朋友打电话，或者看几集《顶级大厨》(Top Chef)，以此来激励自己。"同样，你要如何实现自己的行为改变并不重要，重要的是，你要采取过程导向型方法。

我们家使用的是"停止－开始－继续"框架。这是我从安迪·斯奈德

（Andy Snyder）那里学来的，当时他在一次管理层务虚会上向我的同事介绍了这个框架。我是在20多年前认识安迪的，当时他的领导力咨询公司的办公室就在我的隔壁。我们成了朋友，建立了指导关系，我还聘请他担任会议主持人，在我领导的每个组织中举办管理层务虚会。安迪知道，大多数人都会把反馈当成针对个人的意见。毕竟，这就是反馈的通常表现形式：它关乎评判，比如，你指出别人做错了什么，他们需要改进什么，以及他们的缺点是什么。安迪建议你这样提意见："嘿，为了让我完成工作，你能不能停止这样做？你能不能开始这样做？你能不能继续这样做？"这种方法非常适合自我监控，而且，与冗长的反馈会议相比，该方法对提出意见者和接受意见者的压力都要小得多。

我们采用了这种"停止－开始－继续"框架来取代我们家的年度决心清单。例如，我的儿子们通过这种方法成功地学会了难学的课程，在完成作业时不拖拉，同时，他们**停止**在TikTok上浪费时间、每天早上对自己说一句肯定的话，在鼓励中**开始**新的一天，在学习中遇到难题时**继续**寻求帮助，保持每天的自我肯定。这种"停止－开始－继续"框架就是过程导向型方法，强调的是行为上的具体改变，从而产生可持续的结果，而不是结果本身。

这一课之所以称为"写下你的决心清单"，就是因为我们需要可持续的行为改变。马歇尔的提问过程和安杰拉"把大事分解成小事"的过程都需要"先写下事情，再努力工作"。我们家的"停止－开始－继续"过程始于许多年前，当时我们的双胞胎儿子才7岁，我和妻子开启了在他们生日后给他们写信的传统。信中记述了我们一起走过的一年时光，我们为自己努力改进而感到骄傲的事情，以及他们取得的所有成就。在信的末尾，我通过"停止－开始－继续"框架来反思他们可以改进的地方，但在把这些内容写进信之前会征得他们的同意（例如，"我希望你们继续反思每天感恩的三件事"和"我希望你们停止咬指甲"）。孩子们把这些信都保存在活页夹里，活页夹里每年都会添加新信，这就是他们进步的里程碑。

回想起这些信，我比以往任何时候都更明白，写下我的年度决心是我做得绝对正确的一件事。大多数人都不会这么做。事实上，我发现很多人都害怕这样做，因此，他们永远也不会知道这样做的好处。安杰拉·达克沃思指出，写下你的待办事项，对你的自我监督至关重要，这可以直接对抗"鸵鸟效应"。鸵鸟效应或鸵鸟问题，顾名思义，就是我们宁愿把头埋进沙子里，故意回避、拒绝和忽略那些会给我们带来痛苦的负面信息，而不愿去面对问题。拒绝写下任何事项（从目标到日常问题以及我们在这些问题上的进展情况），你不是"变成了"鸵鸟，而是一开始就是鸵鸟！

安杰拉指出，"写下你的决心清单"会给你带来另一个好处：与他人分享你的进步，让"真相赤裸裸地暴露在众目睽睽之下"。这就是我在与马歇尔从他的人际网络中招募的杰出人才组成的"人生计划复盘小组"分享我的日常问题时学到的东西：我们让彼此觉得我们可以做得更好。如果你身边的人和你一样成功，或者比你更成功，或者比你更善于自我批评，那么，请你让他们看到你写下的东西，这往往会促使你提高自己的标准。

延伸阅读经典范例

大多数关于成就的经典书籍都采用了目标导向型方法，而这一课则采用了过程导向型方法，呼应了这些书籍的关注点，即为自己想要做出的改变承担责任，这尤其体现在史蒂芬·柯维的《高效能人士的7个习惯》（The 7 Habits of Highly Effective People）中的第一个习惯：在选择行为时，你要积极主动或"反应灵敏"。本课中的思维过程以及整个"固定－灵活－自由"框架与现代经典著作《终身成长：重新定义成功的思维模式》更为接近。成长型思维模式"基于这样一种信念，即你的基本素质是可以通过自己的努力、策略和他人的帮助来培养的"，而且"你真正的潜力是未知的"。而固定型思维模式则认为，我们的素质是永久性的，通过学习来提高是徒劳的。

德韦克的"固定型思维模式"与本课中的固定式课程非常不同，固定式课程是永恒不变的，但需要成长型思维模式的加持：你必须相信所有的学习和工作（无论是个人的还是职业的）都是有意义的、有回报的、有价值的，即使你失败了也是如此。最能证明这一点的莫过于本课通过以下方式帮你建立德韦克所说的成长型思维模式：

- 承认并接受自己的不完美。
- 用"学习"取代"失败"。
- 重视过程而不是最终结果。
- 从别人的错误中学习经验。
- 有使命感，胸怀大局。

马歇尔讲堂：我的"每日一问"清单

阿希什参与的 LPR 小组就是从"每日一问"开始的：每天挑战自己，回答一系列与特定行为相关的问题。你知道这些行为很重要，但常常被人忽视。把每个问题都写在 Excel 表格里，然后采用 1~10 分评分标准来回答问题，1 分代表"一点也不"，10 分代表"尽我所能做到最好"。

我的"每日一问"清单上有 32 个问题，但 32 这个数字并没有什么神奇之处。使用任何适合你的数字，无论大小都可以。最重要的一点是，你的问题必须是"主动的"。

我从我的女儿凯莉·古德史密斯博士（E.Bronson Ingram 主席，范德比尔特大学欧文管理研究生院市场营销学教授）那里学到了提"主动问题"的方法。

凯莉向我解释说，几乎所有组织调查的标准做法都依赖于所谓的"被动问题"，这些问题描述的是一种静止状态，比如"你有明确的目标吗"。这个问题是被动的，因为它经常让人们想到别人对他们做了什么，而不是他们为自己做了什么。"主动问题"是被动问题的替代品。"你有明确的目标吗"以及"你有没有尽力为自己设定明确的目标"这两者之间有很大的不同。前者试图确定你的心理状态，后者挑战你描述或捍卫一个行动方针。

多亏了凯莉，我根据自己对成千上万人的研究，提出了 6 个"主动问题"，我相信这 6 个问题能提高生活的满意度。每个问题都以同样的方式开始——"我有没有尽力……"。比如，我有没有尽力去设定明确的目标？我有没有尽力在实现目标方面取得进展？我有没有尽力去追求幸福？我有没有尽力去寻找人生的意义？我有没有尽力去建立积极的人际关系？我有没有尽力做到全身心投入？

以"我有没有尽力……"作为问题的开场白，我几乎不可能把自己的努力归咎于他人。除了我自己，没有人能对此负责！例如，如果我今天不开心，那一定是有人搞砸了，而那个人就是我自己。毕竟，尽管我在生活中拥有这么多的福气，比如，贤妻良母、儿女双全、身体健康、热爱工作、自己就是老板，但有时我还是会被日常的压力困扰，忘记自己有多么幸运，表现得像个白痴。每天都要提醒自己快乐和感恩的重要性，这是很有帮助的。

我还有其他问题，比如，健康和锻炼、为我的家人说好话或办好事、跟进我的教学和教练客户。随着时间的推移，这些问题也在不断变化，但许多问题仍然保持不变，这就是为什么这些问题被放在该框架的固定式课程部分的原因：你可以根据自己的需要灵活地提出问题，但提问的过程是固定式的，并且适用于人生的任何阶段。这个固定式的过程迫使我们每天都去面对如何践行我们的价值观。我们要么相信某些事情很重要，要么不相信。如果我们相信，就可以把这个问题列在清单上并付诸行动！如果我们不相信，就可以面对现实，不再问自己这个问题。

结果不言而喻：根据我们的研究，在每天都进行日常提问的人中，有34%的人在所问的每件事上都有所进步，67%的人在四件事上有所进步，91%的人在某些事上有所进步，几乎没有人在某些事上变差。

那就试试看吧。

写下你每天应该问自己的问题吧。我发现，这样可以让你牢记对你来说最重要的事情。即使是写下问题的过程，也能帮助你更好地了解自己的价值观，以及如何每天践行这些价值观。欢迎使用我提出的问题或你听到的其他问题，但请记住，我的问题反映的是我的价值观，可能并不适合你。

如果你感到迷茫，想象一下，有人每天都会给你打电话，听你回答关于你生活的问题。你每天都会问自己什么问题呢？现在，如果你真的有勇气，那就找一个人来每天聆听你的答案，就像阿希什等取得卓越成就的人一样，以此来鞭策自己去做好自己看重的事情。

第 4 课
元学习和元思考

即使我们结束了学校生涯，也要继续学习，我们开发技能并不仅仅是为了更好地胜任工作或了解新技术。这还是一种自我提升（了解自己和完善自己）的技能。**我是谁？什么对我最重要？我想去哪里？我想要什么？**回答这些问题需要你反思自己以前做过什么和学过什么。你对这种学习的理解力和责任感越强，你对自己所做的决定和采取的行动就越有远见和控制力。这种对学习方式的认知和觉悟，或者说"关于学习的学习"，被称为元学习。

"元学习"或"元思考"意味着我们要有意识地跳出学习者的角色去问以下问题：我在学习什么？我看到或注意到了什么？我能与其他事物建立什么联系？从这种身体、情感、心理和精神角度看待自己所产生的智慧，会让你在整个职业生涯和生活中对自己所经历的一切有更深刻的体会。作为一名领导者，从行为改变到为自己和他人做决策，元学习都会为你增添新的维度。

虽然你的经历和你的所想所需会不断变化，但元学习和元思考的过程是不变的。随着你的改变，你的答案也会随之改变，而当你用这些答案来理解自己时，你也将学会如何讲述和修改自己的故事（参见第 6 课），尤其是在触发和激发反思的关键时刻。

例如，在圈子贷公司被维珍集团（Virgin Money）收购后，我经历了两年疯狂而充满挑战的日子，于是卸下了 CEO 一职。我一直在想，下一步该怎么办？但规划人生的下一阶段需要时间，而我在为理查德·布兰森工作时，真的没有太多时间思考或做其他事情。在我 2009 年离职的时候，我的朋友和家人告诉我，在投入新的工作之前，我应该花一点时间喘

"元学习"或"元思考"意味着我们要有意识地跳出学习者的角色去问以下问题：我在学习什么？我看到或注意到了什么？我能与其他事物建立什么联系？

口气、反思一下。我在YPO的朋友们告诉我，我应该花一年的时间去旅行，他还向我介绍了迪克·西蒙（Dick Simon）的故事，西蒙利用和家人一起旅行的机会退后一步，反思他所学到的东西，并计划他的下一个阶段。这似乎是做一些特别事情的绝佳机会。我有一定的经济保障，我妻子海伦的工作也有一定的灵活性，而且我们的双胞胎儿子要到第二年秋天才上幼儿园。所以，我们开始考虑如何利用这个机会，最后决定去印度待六个月。

虽然不是每个人都有机会在工作间隙出国旅行或休假，但退后一步反思自己学到了什么以及下一步想做什么是至关重要的。六年后，我发现自己陷入了类似的境地：在担任Covestor在线投资公司CEO期间，该公司被卖给了盈透证券（Interactive Brokers），于是我辞去了CEO一职。我再次发现自己处于重塑自我的过程中，不禁问自己，下一步该怎么办？

2015年，当我们开始就出售Covestor进行谈判时，我参加了亚瑟·E.蔡斯（Arthur E. Chase）的葬礼。亚瑟享年85岁，作为一名商人和政治家，他的一生过得很充实。他先后创立了蔡斯纸业公司和棋盘有限公司（美国最大的文具公司之一，也是最早使用再生纸的首批公司）。他曾在马萨诸塞州伍斯特市政府任职，后来当选为州参议员。1991年，在参议院任职期间，他在伍斯特理工学院设计并赞助创建了马萨诸塞州数学与科学学院，这是一所面向数学和科学尖子生的寄宿制顶尖学校，至今仍是马萨诸塞州最好的公立高中之一。

葬礼与毕业典礼、具有里程碑意义的生日、婚礼一样，都是奇特的时刻，常常迫使我们（重新）评估和反思我们的生活，尤其是在我们处于转型期的时候。亚瑟在创立这所学校时对年轻人的奉献无疑影响了我的思想。听着学生的演讲和朋友、家人对他的教育热情的赞誉，我深受感动。几个月后，当JA组织的机会出现时，我把在亚瑟葬礼上听到的内容和我觉得下一步应该做的事情联系在了一起。与其筹集资金建立另一家创业公司或科技公司，不如为JA筹集资金，用我的技能帮助世界各地的年轻人。我感觉，我加入JA，就像是走对了一步棋。

回想起来，正是因为我经常进行"元思考"，思考自己想要什么、想要去哪里、想要成为什么样的人,我才能为这些有计划和无计划的"跳槽"做好更充分的准备。从年轻时起,我就把我的经历、想法和我想做的事情写在日志里,我为自己制定了过程导向型目标,并为自己创造了一个反思的空间,反思自己所学、所见、所注意到的一切。这让我通过自我反思获得了新的视角,而新的视角让我成为一个更好的领导者,最重要的是,成为一个更好的人。

> 当然,新冠疫情让世界进入停顿状态,迫使我们中的许多人退后一步进行元思考,反思自己接下来的目标,并重新调整方向或以新的视角重新出发。但你并不需要经历全球性疫情、葬礼、人生大事、职业或工作变动,就能进入元学习和元思考状态,去缅怀或反思自己的经历和记忆。
>
> 此外,你还可以从你消费的娱乐视角来开始这堂课:重读你最喜欢的书籍和故事,重看你最喜欢的电视节目、视频和电影,重听你最喜欢的播客。
>
> 重新审视这些试金石,把它们作为你个人发展的关键时刻。随着年龄的增长,你可以多做几次。当你这样做的时候,选择一些学习目标或自我反思的问题会有所帮助:自从上次阅读、观看或收听这些内容以来,我学到了什么?上次我忘记或错过了什么?这些内容让我感受到了什么,或者促使我去做什么,或者阻止我不去做什么?

元学习技巧的关键是你至少得等上几年,才能了解你过去、现在和未来的发展方向,而不是每隔几个月就重新审视一次。我敢打赌,有很多东西,你三年前消费过,但三年后的今天,你再也没有回头去瞄一眼。

我喜欢和我最喜欢的商界作家一起,从马歇尔的成功故事、大卫·舒尔茨(David Schwartz)在《大思想的神奇》(*The Magic of Thinking Big*)中的故事,以及传奇推销员兼作家、励志演说家齐格·齐格拉(Zig Ziglar)的成功销售故事中寻找新的意义。我喜欢杰弗里·阿切尔(Jeffrey

Archer）的成就故事，约翰·莫蒂默（John Mortimer）关于性格和正义的《鲁波尔故事集》（*Rumpole Stories*），以及英国情景喜剧和同名系列丛书《是，部长》（*Yes, Minister*）中关于人、政治和官僚主义的讽刺内容。我明白我喜欢这些故事的原因，因为我曾回过头来阅读它们，反思它们对我的意义，以及每次阅读后我的变化。此外，我还能再次享受阅读的乐趣，这让整个阅读过程变得有趣。

当然，并不是你回头去重温的每件事都会更有影响力。我回顾了我为一家大学杂志社编辑的一些文章，感到有些畏缩。我重读了杰弗里·阿彻（Jeffrey Archer）的几本书，不禁感叹自己怎么会喜欢这样的书。我想到了自上次阅读以来世界发生了怎样的变化，不禁皱起了眉头。这一点也很重要。元学习就是让你更多地了解自己的优点和缺点。这有助于你了解自己过去的经历和取得的成就，并帮助你开启通往未来或改变以实现更高成就的大门。你要对自己积累的经验进行反思，这样才能看到更多机会，明白自己可能会走向何方，或者，你会清楚自己需要做出哪些改变，才能让你的成就更上一层楼。

延伸阅读经典范例

关于成就的经典文献中充满了关于自律的章节，以及关于改变行为所需要的驭心术课程，这很难，也让人不爽。但只有极少数人用换位思考（从他人的视角欣赏世界）的方式来谈论这种改变。《人性的弱点》一书的作者戴尔·卡内基就是这极少数人之一。在"如何当领导"一章的第三节"在批评别人之前先谈谈自己的错误"中，卡内基让领导者把焦点放在自己的缺点和错误上，然后利用它们来激励其他人，即使你仍然在犯错误或试图纠正这些缺点也无妨。这会对他人产生强大的影响，并创造一种共享式体验（即共鸣）。卡内基写道："任何傻瓜都会批评、谴责和抱怨，而且，大多数傻瓜都会这样做。但要做到理解和宽容，则需要品格和自控力。"此外，理解和宽容也是极难做到的。

卡内基的话在布琳·布朗（Brené Brown）博士的《脆弱的力量：关于真实、联系和勇气的教诲》(The Power of Vulnerability: Teachings on Authenticity, Connection, and Courage) 一书中得到了非常现代的回应。元学习和元思考需要"脆弱"，布朗将其定义为"我们在不确定、风险或情绪暴露时产生的感觉。这包括当我们表达自己的感受，我们不确定别人会怎么想的时候，也包括当我们真的很在乎某件事，而事情没有成功，人们会知道我们很伤心或失望的时候"。这种脆弱需要你做一个勇敢的人："勇敢就是感到害怕或尴尬，但会接受这些感觉，并勇往直前。"

马歇尔讲堂：如何成为你想成为的人

一旦你练习了阿希什的这些"自我修炼"的固定式课程，就很可能会发现自己喜欢什么、不喜欢什么，以及你想要改变哪些行为和特征。但正如阿希什在上一课中所说的那样，这样的改变通常是不可能的，因为我们大多数人都太乐观（喜欢痴心妄想），我们企图一次性改变一切。我们对成为一个"新我"感到不知所措，以至于当它没有像我们希望的那样迅速或轻松地发生，而且人们也没有注意到我们所做的改变时，我们就放弃了。我们灰心丧气，为自己的失败找借口，且怀有引发各种否认和抵触情绪的信念，最终我们什么也没改变。我们没能成为自己想成为的人。

那么，你该怎么办呢？当你看到自己面对行为改变时的弱点，知道自己想要改变什么时，你可以借鉴上一课（写下你的决心清单）。如果你需要决定改变什么以及你应该把你的努力放在哪里，那么，你可以进行元学习，并使用我的书《自律力：创建持久的行为习惯，成为你想成为的人》中的"改变之轮"，我曾带领团队、组织、朋友、同行和我自己使用过这一工具。

改变之轮（见图2）有两个轴，第一，"积极—消极"轴，用来追踪那些帮助我们或阻碍我们的因素；第二，"改变—保持"轴，用来追踪我们决定在未来改变或保留的因素。因此，在追求任何行为改变时，我们有四种选择：这四种选择来源于改变或保持积极的因素，改变或保持消极的因素。其中三个选项更具活力、更迷人、更有趣，但它们的重要性都是一样的。

图2 改变之轮

1. "创造"代表了我们想要在未来创造的积极因素。当我们想象自己表现得更好时，我们会认为这是一个令人兴奋的自我革新过程。我们所面临的挑战是如何选择去做，而不是袖手旁观。我们是在创造自己，还是在浪费机会，反而被外力创造呢？

2. "保留"代表了我们将来想要保持的积极因素。这需要我们进行反思，找出对我们有益的东西，这还需要我们自律，避免为了新的、闪亮的、不一定更好的东西而放弃它。

3. "消除"代表我们未来想要消除的消极因素。消除是我们最自由、最有疗效的行动，但我们却不情愿地采取这种行动。也许我们将来会需要它。也许这是我们成功的秘诀。也许我们终有一天会对它爱不释手。

4. "接受"代表了我们未来需要接受的消极因素。我们的无能恰恰是我们最不愿意接受的状态。它会引发我们在最美好的时刻做出适得其反的行为。这可能会让人感觉像在认输，但当我们无力改变现状时，这却是无比宝贵的心态。

当你选择用"创造、保留、消除和接受"来挑战自己，弄清楚什么是你可以改变的、什么是你不能改变的、什么是你可以失去的、什么是你可以保留的，你会惊讶于自己大胆而简单的答案，从而迈出重要的、真正的一步，成为你真正想成为的人。

第 5 课
在屏幕之外建立线下联系

当我和我的双胞胎儿子之一亚历山大坐下来共进午餐时,我刚刚开始写这本书,并开始构思这堂课的内容。

"就我做过的工作和实习经历而言,"亚历山大说,"那些只在网上进行的工作,我根本感觉不到与自己有什么联系。而我亲自到场做的那份工作,倒是让我有了归属感。这甚至不是说它是一份更好的工作或机会。我只是需要整天和人们在一起。这更像是一种体验。"

虽然亚历山大同意我想说的"人际关系是我们成功的支架",但他否定了我建议的关于人际关系管理的课程标题。

"我只想说,'在屏幕之外建立线下联系'。"他说。

当我像我儿子这么大的时候,当我没有和别人在一起的时候,我有两种联系方式:邮件和电话。我不确定我的孩子会不会寄信,电话对他们来说就像是克星。但他们可以通过屏幕看到世界和彼此,不用拿起笔或拨号码,就有无数种联系方式,比如,短信、Snapchat、微信、WhatsApp、Instagram、TikTok、FaceTime、Zoom、Discord、Slack……当全球大疫情导致世界瘫痪时,这些屏幕成了我们大多数人主要的联系方式。在随后的岁月里,有些事情留在了网上、有些是面对面的、有些是混合式的。亚历山大更喜欢后者,他说:"你无法通过 Zoom 通话建立联系或进行很好的沟通。"

他并不是唯一这么想的人。通过屏幕联系似乎是一种社交行为,但一项又一项的研究表明,过度使用社交媒体会导致社交孤立感,而不是连接感。早在我们大多数人听说新冠病毒之前,许多年轻人的孤独感就已经开始飙升。例如,英国广播公司(BBC)的"孤独项目"发现,在 5 万名 16~24 岁的人中,那些伴随着社交媒体长大的人的孤独率与老年人的孤独率差不多。但疫情确实加剧了年轻人的孤独感,虚拟的学校和工作使许多人经常或总是感到孤单。

但是,孤独感并非不可避免,建立联系的挑战也并非新事物,社交媒体在适度帮助我们建立联系方面是有益的。我想在这里强调的是,人际关系很重要,而让它们在屏幕之外发挥作用则需要付出努力,是的,你需要努力。

我和我的妻子海伦在大学一年级的时候就认识了,并且在大学的四年里一直在交往。毕业后,她在国际人道主义组织 CARE 找到了一份工作,然后前往印度从事了一年的推广工作。后来她又去了阿姆斯特丹的摩立特(Monitor)公司,最后去了英国学习。而这只是我们之间多年国际距离的开始。但我们还是把亲自见面当成了头等大事。我们制定了"两个月约会法则",即我们安排每两个月在某个地方见一次面,不管我们在哪里,也不管我们有多忙。我们在印度、法国、比利时、摩洛哥、西班牙和苏格兰建立了共同的回忆。当时我们身无分文,连吃饭都成问题,更不用说机票了。但我们利用在一起的时间,思考下一步该怎么走。我们开诚布公,坦诚相待。

所有伟大的关系都需要开诚布公,这样才能推动彼此向前发展。这就是为什么我和我的 YPO 小组的成员们走得如此之近。除了因新冠疫情而歇业的几个月外,我们的小组每个月都会安排亲自见面。他们给了我太多,我永远无法回报。每次职业转型后,小组都会帮助我保持专注,支持我完成向非营利部门的身份转变。但我们的合作已经远远超出了我们的职业挑战。我们敞开心扉谈论我们的健康问题、年迈的父母和家庭悲剧,所有这些都是在保密的环境下进行的。在大疫情期间,我们被迫搬到网上,感谢 Zoom、微软团队和其他平台让我们可以通过屏幕进行交流。我们很难像以前那样深入交流,但因为有了面对面的基础,我们的联系得以维持,直到我们能够再次面对面。大多数关系都是如此:从屏幕之外开始的线下联系,比如,在学校、工作或其他面对面的活动中,只要你努力保持面对面的联系,就可以通过屏幕维持下去。

这就是为什么这一课是关于自我修炼而不是职场进阶的最后一课。你可能会在以后的成就和领导力之旅中采取一些措施，比如加入YPO论坛或智囊团，但如果不了解拥有开诚布公且面对面深入交流的人际关系的感受和重要性，这些措施都会失败。私人关系可以教会我们建立职业关系的技巧，反之亦然（在工作与生活相互交融的时代，职业关系和私人关系的区别越来越小），而且两者都始于你自己，而不是你所做的工作。

在混合办公和远程办公的时代，你需要比上一代人更努力地建立这些关系，而这些关系仍然一如既往地重要。如果没有面对面的会议和电话，我就无法为"圈子贷"筹集投资资金，如果没有环游世界，我就无法为JA筹集慈善资金。如果我没有在生活中的每一个领域都做过与屏幕之外的人建立线下联系的工作，并一直在努力，那么，这两件事我一样都做不到。

在我们就读的学校、我们工作的地方、我们玩耍的领域、我们参加的活动、我们出席的聚会、我们分享的饭局、我们加入的社团，以及在外面的世界中建立的面对面的关系，都是我们在成就之旅中所需要的支撑。 你从屏幕之外的这些联系中获得的感觉会影响你，也会赋予你影响力。寻找任何能让你有机会亲眼看到这些面孔的东西吧。

延伸阅读经典范例

罗伯特·瓦尔丁格的第二本书于2023年问世，但它的起源却悠久而深远。瓦尔丁格是哈佛医学院的临床精神病学教授，与马克·舒尔茨（Marc Schulz）博士共同撰写了《美好生活：历时85年哈佛幸福研究给我们的启示》一书。这项研究就是1938年开始的"哈佛成人发展研究"。瓦尔丁格指导了这项研究，2015年，他就此主题发表了有史以来最受关注的TED演讲之一（观看量为4400万次，而且还在增加）。演讲题目是一个我们都会在生命中的某个时刻提出的问题——"是什么造就了美好的生活"。根据这项研究的数据，答案就是人际关系。瓦尔丁格说："良好的人际关系让我们更快乐、更健康！句号！"

在我们就读的学校、我们工作的地方、我们玩耍的领域、我们参加的活动、我们出席的聚会、我们分享的饭局、我们加入的社团,以及在外面的世界中建立的面对面的关系,都是我们在成就之旅中所需要的支撑。

简单地说,孤独是致命的。我们的社会关系可以预测我们一生的心理和身体健康。你的人际关系越牢固,你的社会联系就越紧密,你的生活就越幸福,你就越长寿、越健康。瓦尔丁格指出,从这项研究开始到现在,年轻人都说他们想要变得富有。在这项研究中,那些倾向于与家人、朋友和社区建立关系的人比其他人更容易实现这一目标。说人际关系重要并不是老生常谈,这是有科学依据的。瓦尔丁格指出,最好的人际关系是混乱的、复杂的、艰辛的。但是,在你的成就之旅中,"回报"(马歇尔所说的成功)在各个方面都是巨大的。

马歇尔讲堂:成功人士为建立良好关系所做的四件事

有些关系是力量的源泉,可以提供指导和帮助;另一些关系则需要避免、结束或最小化,因为它们代表了不必要的弯路、多余的负担或干扰因素。有些关系是永久的,比如我们的家庭;也有些关系慢慢变成了永久性的,比如生活伴侣、亲密朋友、良师益友和专业同事;另一些关系则是短暂的,它们随着环境的变化而来来去去。但最牢固的关系却能经久不衰,这不一定是因为接触的频率,而是因为关系的本质。在我和艾伦·韦斯(Alan Weiss)合著的《自律力(深度赋能版):给不甘平庸者的高配人生法则》(*Lifestorming: Creating Meaning and Achievement in Your Career and Life*)一书中,我们注意到人际关系如何推动我们的旅程,让我们在所有工作中取得更大的成就。其中一些关系是虚拟的。艾伦和我在新冠疫情迫使我们在网上建立起如此多的关系之前就注意到了这一点。在 Zoom 上重塑和维护的关系性质可能不同于我们当时所说的"追随者"或"朋友",或者字面上的"联系"。许多永久的关系和短暂的关系都是通过社交媒体和 Zoom 来增强的。然而,将社交媒体作为面对面关系的交流工具和将其作为发展新关系的来源是有区别的。

记住这些区别,现在让我们专注于通过关系(无论是永久的、暂时的还是虚拟的关系)来维持你的旅程,并牢记以下四个目标。

1. 付出才能收获。人际关系是需要双向奔赴的。要使人际关系美满,我们就必须对其进行投资，我们不能只是索取。也就是说，不要横行霸道！我们提供的东西可能是有形的，也可能是无形的，而无形的互动可以是倾听、支持、反馈和共鸣。

2. 人际关系要建立在信任的基础上。信任是一种信念，相信别人会把你的最大利益放在心上，而你也会把他们的最大利益放在心上。诚实的反馈和建议，即使是痛苦的，也是关心他人的一部分。

3. 不要把人际关系变成零和游戏。你赢了，并不代表我会被你比下去。我想赢，你也不必输。你想赢，我也不必输。我们为任何一方的成功而欢欣鼓舞，为任何一方的失败而痛心疾首。

4. 让人际关系恰如其分。在你追求成就的过程中，你晋升为领导后，会把同级变成下级，把前上级变成同级。在个人关系中，你可以达到一种熟悉和轻松的程度，而在职业关系中，这可能并不合适。同样，社交关系也有自己的潜规则。你可能不会像对待你的大学同学那样对待你的准岳母。

最重要的是，当你追求这些目标时，请记住阿希什说过的话和罗伯特·瓦尔丁格的要言：大多数成功人士之所以如此成功，是因为他们拥有良好的人际关系。实现以上四个目标，你也会拥有良好的人际关系！

职场进阶

第 6 课　展示你的故事

第 7 课　保持较低的个人消耗率

第 8 课　向父母以外的人寻求建议

第 9 课　做一个好徒弟

第 10 课　寻找能推动你的人

第 6 课
展示你的故事

我是在大三暑假认识迈克尔·文班（Michael Wenban）的，当时我在摩立特集团多伦多办事处工作，这是一家跨国咨询公司，如今已成为"德勤·摩立特"品牌的一部分。迈克尔是我的高级合伙人，在我回学校读大四之后，我们一直保持着联系。当我得知他今年秋天要来宾夕法尼亚大学参加招生活动时，我安排我们在费城市中心一家传奇的海鲜餐厅共进晚餐。这家餐厅取名布克拜德，英语中有"书匠"之意。我选择布克拜德餐厅并不只是因为那里的食物。我选择它是因为它的历史和它创造永恒记忆的潜力。从西奥多·罗斯福（Theodore Roosevelt）开始，美国历任总统都曾在这里与当地政客、黑帮分子、运动员、电影明星以及其他表演者共进晚餐。贝比·鲁斯（Babe Ruth）、田纳西·威廉姆斯（Tennessee Williams）、伊丽莎白·泰勒（Elizabeth Taylor）、弗兰克·辛纳屈（Frank Sinatra）等数百位当地和全国名人的照片贴满了餐厅的墙壁，还有——我的照片。在晚餐宴会的前一天，我已经安排好在晚餐前把我身后墙上的一张别人的照片换成我的照片！我在大学时是校刊的编辑，所以，我用这个借口找了餐厅经理，让他挂一张我和领导团队其他人的合影。

在上第一道菜的时候，我和迈克尔就开始闲聊了，我指了指墙壁，说："你知道吗？像布克拜德餐厅这样的地方不仅认可伟大的成就，也认可巨大的潜力。"就在这时，我向身后的墙壁示意了一下。迈克尔的脸上露出了会心的微笑。

"你在开玩笑吧，"他一边说一边翻白眼，"你很厉害。"

我感谢迈克尔为我所做的一切。他不仅在暑假雇用了我并担任我的导师，而且还主动为我申请牛津大学的奖学金写推荐信（迈克尔是英国人）。

因为他，我觉得自己有能力在未来的某一天在这面墙上赢得一席之地。话虽如此，我告诉迈克尔，我不确定自己是否想马上去读研究生。我可能想在毕业后回到摩立特，计划几年后再读研究生。我征求了他的意见。

当我讲述我的故事时，迈克尔知道我在做什么：我坦诚地（请求他的帮助）分享了我的抱负，并用墙上的照片进行了可视化展示。而这正是他想要雇用的人：一个愿意并且能够做到这一点的人。这也是指导你的人会在你的故事中寻找的东西：你如何讲述你已经做过或正在做的事情，解释这个故事如何与你的希望和抱负联系起来，并邀请他们成为这段旅程的一部分。

但那天晚上，我做的不只是向迈克尔讲述我的故事。我通过我的故事把我的价值和他的需求联系在一起，这让他愿意敞开心扉倾听我的诉说。

追求成就的一个重要步骤就是让自己变得更有说服力，但如果你不与他人建立联系，你就无法说服他们。如果他们认为你缺乏同理心，你就无法与他们建立更深层次的联系和人际关系。同理心意味着你要表明自己理解甚至分享他人的感受。你要对他们的想法和感受感同身受。你要试着设身处地为他们着想。做一个更有同理心的人与做一名更有说服力的销售员是一回事。

因此，想要成为一个出色的、有说服力的销售员，你需要的"超能力"就是同理心，而展示自己的故事就是一堂永无止境的"同理心大师课"。这就是为什么我专注于公开且真实地展示自己的故事。故事让我敞开心扉，也让你敞开心扉，还能让你对我说服你去做的事情产生兴趣，那些都是令人想要了解更多的信息点。

请注意，我不是说你要讲述自己的故事，而是要展示自己的故事。这需要付出努力（思考、计划和研究）去了解你的受众，这样才能把信息传递到你希望传递的地方，让他们愿意分享自己的故事。例如，在我决定申请牛津大学奖学金之后，我去见了一位教授，他在我想学习的经济学领域写了一本影响深远的书，他也将决定我是否能以研究生的身份和他一起共事，这场见面就像工作面试一样。为了准备这次会面，我不仅阅读了这位教授写的东西，还阅读了他在文章中引用和参考的研究成果。我循着蛛丝马迹找到了其他人写的引用他观点的文章。当他听到我提到了他读过的那追求成就的一个重要步骤就是让自己变得更有说服力,但如果你不与他人建立联系,你就无法说服他们。如果他们认为你缺乏同理心,你就无法与他们建立更深层次的联系和人际关系。

些东西，以及其他引用过他观点的研究者时，他的整个举止都变了。**这个美国大学生真的很懂行呢。**

有了迈克尔，我们的故事以一种意想不到的强大方式展开了。我知道他上的是剑桥大学，而当我选择去牛津大学读研究生而不是接受摩立特的职位时，我们的关系完全改变了。现在，我们的关系不再是"请聘用我"，而是"谈谈你的经历"。他给我讲了很多他在英格兰时的故事，并建议我去哪些地方、会见哪些人、体验哪些经历。当然，他会把我在摩立特的职位保留到我完成学业之后。

在搬到英格兰之前的那个夏天，我一直在阿姆斯特丹为摩立特公司工作，但到了第二年夏天，我决定留在牛津攻读博士学位。我并没有留在摩立特，而是去了世界银行，那里才是我追求发展经济学兴趣的地方。但幸运的是，当时摩立特正在建立一个与世界银行和其他国际机构合作的实践领域。这让我可以把迈克尔和摩立特作为我故事的一部分：我并没有拒绝他们的邀请；我只是再次推迟了就职日期，并通过在世界银行的工作积累了更多经验。几年后，当我回到摩立特，在他们位于马萨诸塞州剑桥市的总部工作时，我们的故事终于汇聚在了一起。正是在那里，我创建了"圈子贷"。

我想说的是，尽管讲故事的技巧是一门固定式课程，但你的故事却不是一成不变的。所以不要陷在故事里。随着年龄的增长，你的兴趣会发生变化，因此要不断更新、重述和调整你的故事。记住这一点：展示你的故事不只是为了重温自己的经历，还为了证明自己的价值。

当我面试 JA 的 CEO 职位时，我了解到 CEO 遴选委员会的主席写了几本关于领导力的书。所以，我提前阅读了这些书。当我在面试中介绍我的故事时，我引用了其中一本书中的一些观点，因为这本书把我做的事情和他说的话联系了起来。他笑了，因为他知道我想做什么，其他人也都心领神会地笑了。在回答另一位面试官的问题时，我把自己如何研究受众、如何把自己的故事与受众的故事联系起来的策略说得如此通透，以至于引起了大家的关注。这让 CEO 遴选委员会更好地了解我，赞赏我的坦诚度和与人沟通的技巧。我确信，他们知道这才是重点，也是我的优势，而不是操纵他人的工具。

无论你是在推销你自己、一个想法、一个产品或服务、你的团队还是你的组织，这都是让别人愿意追随你的基础：让他们也把你推销的东西看作他们的想法，并作为他们想要实现的目标的一部分。当有人像你一样参与一个项目时，即使这个项目一开始并不是他们的创意，他们也会拥有主人翁意识。他们在你的故事中看到了他们自己，进而明白你的方法可以实现整个组织的目标，也可以实现你自己的目标。创意生成过程也是团队合作的过程，如此，你会立即获得大家的认同。这也将加强组织上下以及整个组织之间的联系与合作。

那么，你该如何开始呢？

> 找一件有趣且令人难忘的轶事来展现你最好和最差的特点。这些故事可以突出你的优势，在胜利的时刻展示你的技能，也可以揭示你的弱点，向人们展示你足够脆弱，可以承认失败并从中吸取教训。毕竟，如果你面试的职位也会吸引其他优秀人才，而每个人都会展示自己的履历和推荐信，每个人都有自己的技能和经验，每个人都是风云人物，那么，你凭什么胜出呢？

但是提请读者注意：故事可以在相反的方向上发挥巨大作用。它们可以鼓舞我们，也可以阻碍我们。它们可以成为责备和借口的工具，也可以成为鼓励和激励的助手。它们可以使我们团结起来，也可以使我们分裂开来。如果我们不熟悉彼此的故事，也不完全真诚地敞开心扉，我们的社会中就会出现某些人所说的"同理心赤字"。这种情况在政界尤为普遍，在商界也是如此，当我们听不到与我们意见相左之人的故事时，当我们认为对方一直是敌人或问题的根源，并阻碍我们取得更多成就时，这种脱节现象就会愈演愈烈。

看看你的周围：你听得最多的是谁的故事？这些故事是让你看到可能性、机会和新的人际关系，激发你的自我效能感，还是把你拒之门外？

倾听那些与你不同的人的故事，也是正视自己的偏见和特权的最佳方式之一。你不能也不应该隐藏你的特权。我很清楚,由于我父母的价值观和我的教育途径,我比这个世界上的许多人拥有更多的机会,但这也让我更加努力地去寻找和倾听别人的故事,了解他们的生活是什么样的,并询问他们的感受。改变你周围的人会对你的共情能力产生巨大的影响,并让你在合适的环境或更好的环境中取得成功。

延伸阅读经典范例

许多关于成就的经典书籍在阐述成功者的成功过程之前,都会先介绍他们的个人故事。因为作者明白,除非你对书中人物产生一些共鸣,否则你不会太在意他们说的话。

在《个人成就的科学》一书中,拿破仑·希尔从他在肯塔基州的成长故事出发,讲述了他10岁时母亲去世、父亲再婚的故事,为他的"明确目标的七大因素"做了铺垫。书中吸引我们的细节是:希尔讲述了他小时候公然宣称憎恨继母的往事,他这么做的理由是,反正他是出了名的坏孩子。但他的继母却重塑了"憎恨"二字的定义,她说小希尔不是最坏的孩子,而是最聪明的小男孩,只是不知道怎么让自己的聪明才智派上用场。这让人们对小希尔的继母和生父以及他们为家庭创造幸福生活的智慧产生了钦佩之情。

在《最大成就》一书中,博恩·崔西向我们展示了他是如何学会提出这个问题的:"为什么有些人比其他人更成功?"在此之前,他在锯木厂工作过,做过农场的临时工,后来又做过拿佣金的推销员。他向周围的成功人士请教问题,并如饥似渴地读书,尽其所能地了解从事与他相同工作的人是如何取得成功并建立起价值数百万美元的全球销售组织的。

在《高效能人士的7个习惯》一书中,史蒂芬·柯维在详细介绍这些习惯之前,先分享了一些在个人问题上挣扎的人的简短故事。然后,他通过分享一个关于他儿子在学业上挣扎的故事,表达了对这类人的同情。柯维写道:"(我和妻子)开始意识到,如果我们想改变现状,我们首先要改变自己。而要有效地改变自己，我们首先要改变我们的观念。"

要帮助别人理解这一点，最好的办法莫过于先介绍自己的故事。

马歇尔讲堂：你有哪些秘密本领需要隆重揭秘？

当我开启新的人际关系时，我做的第一件事就是分享我自己的故事，然后，我想听听对方的故事，这就是我和阿希什结缘的原因。他出彩不是因为他的履历，很多人都有很棒的履历，重要的是他的故事以及他讲故事的方式。然而，有太多的人在展示自己故事的时候苦苦挣扎，他们甚至不愿分享自己最有趣、最特殊的技能。

这在电影中随处可见，尤其是喜剧片和惊悚片。当我们不经意间发现一个之前并不起眼的角色拥有我们从未猜想过的能力时，这就是"隆重揭秘"的时刻。我猜想你们中的很多人都有这种感觉：你们渴望大家都知道你们的与众不同之处，但又难以将其展现出来，部分原因是你们很难确定自己的特殊技能和个性特征。但是，实事求是地谈论这些特长和特质是展示自己故事的一个重要步骤。

下面有一个提问练习，可以帮你"隆重揭秘"自己的秘密本领。

问一问自己：如果让你隆重揭秘一下你的秘密本领，你认为自己的哪些方面会给人们带来惊喜？他们会不会惊呼"藏得太深啦，没人知道呀"？也许是你收集的某些好物，也许是你做的志愿者工作，也许是你发表的文章。也许是你会写代码，也许是你在某个比赛中获得过同年龄组的奖项，也许是你会跳舞或表演脱口秀。我想说的是，你的"没人知道"的特质一旦显露出来，就会让其他自以为了解你的人大开眼界，让他们推断出你有深藏不露的热情、承诺和机智，你比他们想象的更有能力。这会提升你在他们眼中的可信度。这就是最理想的结果：你赢得了信誉。

现在，把这个练习扩展到工作场所，问一问自己：你有哪些秘密本领需要隆重揭秘？而这些"没人知道"的本领可以提高你在同行和上司中的威信！如果大家早就知道，这会对你的生活产生什么积极的影响？你为什么要深藏不露呢？

第7课
保持较低的个人消耗率

在宾夕法尼亚大学沃顿商学院读大二时,我决定全身心投入一个学生社团,即校刊《沃顿账目》(*The Wharton Account*)。如今,互联网、智能手机、人工智能和其他技术已经吞噬了平面媒体,创办一本实体杂志的想法感觉已经过时了,但在20世纪90年代初,在杂志社工作是一件令人激动的事,当被选为杂志主编时,我更是兴奋不已。

当时,沃顿商学院是常春藤联盟中唯一一所本科商学院,我意识到这为这本杂志创造了一个机会。所有的常春藤盟校都有学习历史、政治和经济学的学生,他们希望学习商业知识,并向雇主发出信号,表明他们对金融和管理咨询专业感兴趣。因此,我建议在每所常春藤大学校园建立社团,并在每期杂志中刊登他们的文章,从而扩大杂志的影响力。我们联系了其他学校的朋友,聘请他们和他们推荐的人担任编辑,并重新定位了《沃顿账目》,打出了新的标语:"常春藤联盟的本科生商业杂志"。这是一个雄心勃勃的大胆尝试。品牌重塑扩大了我们的影响力,吸引了大公司的广告客户,使我们的广告收入预算增加了300%,并使我们得以印刷彩色封面,这在杂志历史上尚属首次。在1993年冬季刊中,我们刊登了最受欢迎的封面故事《一位分析师的生活》(*The Life of an Analyst*)。

毕业后成为一名金融分析师的诱惑是巨大的。对许多人来说,没有比这更好的工作,它能挑战你,让你走上通往财富的快车道。但很少有文科专业的学生知道成为一名分析师意味着什么,以及如何才能成为一名成功的分析师。在我们的报道中,我们采访了来自布朗大学、康奈尔大学、达特茅斯学院、哈佛大学和宾夕法尼亚大学的毕业生,他们在华尔街和各大公司担任分析师,我们详细介绍了他们的工作情况。在他们的照片旁边,我们用侧边栏列出了典型的履历信息（毕业年份、专业、工作地点和所在城市等）。但吸引读者注意的是接下来的内容：每位分析师的个人消耗率。我们列出了他们的年薪、月薪和奖金，然后列出了他们在税收、房租、大学或汽车贷款、交通（出租车、公交车等）、餐饮、服装、电话和娱乐方面的支出。然后，我们列出了每位分析师的月储蓄额，合计为 1255 美元，平均每人为 251 美元。最高的是每月 585 美元，最低的每月 45 美元。对于常春藤毕业生来说，这是最赚钱也是最抢手的职位之一，几乎可以说实现了收支平衡。

与我们交谈过的本科生中，几乎没有人知道这些信息。就连和我一起上沃顿商学院的人也感到难以置信。他们懂商业和经济。但这是一堂让人大开眼界的个人理财课，揭示了人们在工作和生活中陷入困境的最大原因之一：就像大多数分析师一样，他们承担了住房、教育、物质产品、娱乐等方面的支出，而这些支出是他们认为应该承担的，但却可能负担不起。

例如，在领导 Covestor 公司（一个社交网络和投资市场平台）的初期，我面试过一位优秀的高级管理职位候选人，他非常渴望与我们合作。当我们就聘用条件进行谈判时，他羞怯地解释说，他需要更高的薪水，因为他的个人消耗率非常高，以至于他无法接受任何低于 35 万美元的工作！虽然他一心只想在快节奏的初创企业工作，但他的成本结构要求他在大企业中担任公司职务。他在康涅狄格州乡村俱乐部的会员资格、巨额抵押贷款和孩子们的私立学校学费，都让他无法接受更低的薪酬。对于我们这样一家初创公司来说，雇佣这样一位个人消耗率如此之高且缺乏灵活性的高管，风险太大了。我们没有给他发录用函。

> 我们学校里的个人理财教育少之又少，太多的家庭不谈论金钱和财务问题。扪心自问：你知道你的家庭在你成长过程中的消耗率是多少吗？他们有什么样的开支和债务？他们储蓄了多少钱？透明度和相关知识的缺失限制了我们在成长过程中的理解力，给消耗率这样的主题蒙上了神秘的面纱，并且可能剥夺了一些本来可以考虑的选择，如果没有更多的知识就无法解决这些问题。

采用"固定－灵活－自由"框架来实现目标需要具备企业家思维，这意味着你要懂得转变，能够根据情况的变化迅速调整策略，抓住机遇和追求目标，并在事与愿违时力挽狂澜。**在你的职业生涯中，你可能会换20次工作，但并不总是出于自愿。你在这些情况下的灵活性，无论好坏，都取决于你的个人消耗率。**保持较低的个人消耗率可以增加你的自由度，让你有机会在工作间隙抽出时间，转向创业和体验，这比换工作更好。对你来说，可选择性也许是关键所在。保持较低的个人消耗率可以让你选择一份不一定是薪水最高的工作，但你可以培养自己的激情，获得所需的经验和新技能，或者让你有时间从事副业。但是，如果你的副业很有潜力，但却无法支付你一年的薪水，那么在没有合伙人或投资者资助的情况下，你要想继续从事副业，唯一的办法就是降低你的个人消耗率，而且你的储蓄允许你为副业提供资金。

太多的人忽视、无视或拒绝了解和正视自己的个人消耗率及其对职业目标和抱负的影响。如果不降低个人消耗率，就很难执行接下来的灵活式课程和自由式课程。

运用你在第3课中学到的东西，写下关于你个人财务的一切事项清单，就你所看到的进行提问，并找到可以"停止－开始－继续"花钱的地方。和你的父母、家人和朋友谈谈他们的个人消耗率。学习下一课，向父母以外的人寻求建议。问问他们认为自己做得对和不对的地方，他们后悔的事情以及想要重来一遍的事情，还有他们希望在你这个年纪就知道的事情。阅读并聆听众多个人理财专家的建议。利用这些知识来思考自己不仅可以放弃什么，还可以做些什么，去哪里才能获得更多、消耗更少。

延伸阅读经典范例

"成功人士必须了解自己，不是他们认为的自己，而是他们的习惯造就的自己。因此，请你清点一下自己，以便发现自己在哪里以及如何利用时间。"半个多世纪前，拿破仑·希尔在他的《个人成就的科学》中的在你的职业生涯中，你可能会换20次工作，但并不总是出于自愿。你在这些情况下的灵活性，无论好坏，都取决于你的个人消耗率。

"原则12：时间和金钱的预算"中这样写道。希尔希望读者不要在生活中随波逐流，而是要有一个主要目标，并为实现目标做计划。他明白，如果没有时间和金钱的预算（即降低消耗率），这是不可能实现的。事实上，谈到个人消耗率时，希尔结合了马歇尔的故事和我的观点：缓慢地、谨慎地、有意识地降低消耗率，是成为希尔所说的"不离心离德者"的重要一步。他提出的分析收入和支出并编制预算的建议已经过时，但他制订的解决计划至今仍然适用。正如他所指出的，就像这节关于成就的课一样，"这些材料可能读起来没有戏剧性，但却蕴含着你余生命运的秘密。"

马歇尔讲堂：付出努力，赢得丰盈人生

几年前，我曾在一次"商界女性"会议上发言。在我之前发言的是一位科技行业的女先锋，她是她自己公司的创始人兼CEO，也是一位名人。她说，她不经常举办辅导课程，因为经营一家公司是一项要求很高的工作，如果她接受每一个邀请，她就会把所有的时间都花在指导女性上。相反，她坚持生活中对她重要的三件事：花时间陪伴家人，照顾好自己的健康和健身，努力把自己的工作做好。她不做饭，不做家务，也不跑腿。

她在吸引了在场所有女性的注意力后，加倍强调了自己的观点："如果你不喜欢烹饪，那就不要做饭。如果你不喜欢园艺，那就不要种花。如果你不喜欢打扫卫生，那就雇个人来打扫。只做对你来说最重要的事情。其他的事情，统统扔掉。"

台下一位女士举手反驳："你说得倒轻巧。那是因为你很有钱。"

这位CEO对这位女士的借口并不买账："我碰巧知道，在座的最低工资是25万美元。如果你们的事业不景气，就不会被邀请到这里来。你们是在告诉我，你们没钱雇人来做你们不想做的事情吗？"

这位CEO传达了一个难以接受的残酷事实：要追求任何一种充实的生活，尤其是过上丰盈的人生，你必须付出代价。她说的不是钱。她说的是在重要的事情上付出最大的努力，接受必要的牺牲，意识到风险和失败的恶魔，且有能力将之挡在门外。我们中的一些人愿意付出这样的代价，而另一

些人却不愿意，原因固然令人信服，但说到底也令人遗憾。

我们今天关注或放弃的东西并不能带来我们今天就能享受的回报。自我控制带来的好处还在遥远的将来，留给我们未知的未来的自己。这就是为什么我们宁愿现在把闲钱花在自己身上，也不愿意存起来，让复利的奇迹在30年后把它变成一笔有用的钱财。

第 8 课
向父母以外的人寻求建议

在加入 JA 并成为 CEO 之后，我有幸受邀担任中东/北非（MENA）地区学生商业计划竞赛的评委。以 INJAZ（阿拉伯语意为"成就"）品牌运营的 JA 是屈指可数的几个与沙特阿拉伯中小学和大学合作的全球性非政府组织之一，来自该国的一支女生团队参加了 MENA 地区的比赛。他们的学生公司的首席财务官（JA 公司是真正由学生领导的企业，而不是假设或模拟）在回答我们关于公司利润率、增长计划以及如何成功销售产品的问题时引起了我的注意。她非常善于回答评委们提出的有关金融的问题，我可以看到她在谈到公司业绩时眼睛发亮，尽管她遮住了脸部，但我还是能感受到她眼里的光芒。之后，我找到她并告诉她，我对她的印象有多深刻。"我觉得你对金融很有一套，"我说，"我认为，如果你愿意，你可以在金融服务领域大展身手。"一周后，她发来一封电子邮件，说感谢我鼓励她成为一名商人和金融专业人士，这对她影响很大。她说，我的这番话让她有信心在金融领域继续深造！自第一次见面以来，多年来我一直与她保持联系，看着她在四大会计师事务所之一找到了工作，获得了企业金融研究所的金融建模认证，并完成了 MBA 学位。

现在看看另一个故事：有一次，在卡尔加里的 JA 会议上发表演讲后，一位来自加拿大萨斯喀彻温省一个小镇的年轻女子来到了我的身边。她说，当她听到我谈到我和我哥哥是如何进入美国常春藤盟校学习的时候，她惊呆了。"作为一个加拿大人，你能上常春藤盟校吗？"她问道。以前没有人跟她提过这种可能性，这似乎太遥不可及了。"绝对是有可能的，"我说，"一定要花点时间准备 SAT 考试，并努力了解入学要求。"几年后，她在领英上给我发了一条漂亮的信息，讲述了自从她在 JA 会议结束后回到家，就开始研究参加 SAT 考试需要做什么，并申请报考哈佛大学，结果被哈佛录取的故事。"您让我萌生了跨国上大学的想法，"她写道，"我以前甚至不知道这也是可以实现的愿望。"

最后，说一说我在马萨诸塞州恩迪科特学院发表关于自我效能感的演讲之后的故事。当时我让学生们提问，一位年轻女士走上前来，勇敢地问道："你是如何克服自我怀疑的？"我告诉她，那天早些时候，我在工作中处理一件复杂的事情时，自我怀疑了 90 分钟。但在我的职业生涯中，我认识到自我怀疑是暂时的，我并不是唯一一个有这种感觉的人。换句话说，每个人都有这种情况。我解释了乐观的人如何认识到负面事件既不是永久的，也不是专门针对他们发生的。我引用了马丁·塞利格曼的研究成果，他花了几年时间采访了数十万名高管，发现排名前 10% 的人都是乐观主义者（见第 2 课）。"通过实践和乐观的态度，"我说，"你终将克服自我怀疑，甚至将其视为一种优势。"

这三个故事的共同之处在于，它们都说明了让父母或监护人以外的人给你建议的力量。这些建议可以对你的职业方向、你对可能性的感知，甚至你的思维模式产生深远的影响，而这种影响往往不是来自你的父母，即使他们说了同样的话。这些建议不仅能让你认识自我，还能为你在实现目标的道路上找到良师益友奠定基础。这堂课告诉我们，找到能帮助你建立自我效能感（承担起责任，建立起实现目标所需的信心）的教练和导师是多么重要。

简而言之，我们都需要父母或家人以外的导师或教练。当然，父母会对你的职业生涯有所帮助，但他们与那些在专业和个人方面指导你的人之间的关系则完全不同。别误会我的意思：我爱我的父母；我愿意为他们做任何事，并感谢他们为我所做的一切。但是，父母可能会被保护孩子和保证他们安全的需要蒙蔽。他们常常只根据自己对孩子的片面了解来行事，而不去考虑其他方面。记住，是我的哥哥推动我的父母和我去那所改变了我的职业轨迹的学校，是我的哥哥把我介绍给了那些以我从未有过的方式挑战我的人。当你找到自己的教练和导师时，他们可以让你提升自己的意识和自信，而不必依赖于你的父母，也不必被迫让他们参与进来。找到那些教练和导师本身就是一种成就，表明你可以成为你想成为的人。

当你渴望取得更多成就并成为领导者时，你需要这种信念。回想一下本书的第1课：世上没有所谓的"白手起家"的人。老师、雇主、朋友和教练……他们之中最优秀的人都希望你能不断进步，提升自己的价值，从学生时代开始，一直延续到你步入职场，因为你会遇到以前从未遇到过的新事物。比如，你如何要求升职或加薪？你能在哪些方面做得更好？你如何使自己的目标与老板或公司的目标一致？这些都不是能在课堂上学到的东西，每个组织也都不尽相同。我们需要从多个角度考虑问题。请抓住每一个可以获得不同视角的机会。

这就是我在这三个故事中以某种微小但有意义的方式向人们传达的东西：一个学习、成长的机会，甚至是一个为未来建立人际关系的机会。

"人际关系"一词又一次出现在人们的视线之内，因为这是你在事业和生活中获得成功和幸福的关键。我的每一次成功都是建立在别人的建议、帮助和支持之上的。这些关系中有些是新的，有些是持续多年的，后者要么是持续不断的，要么是时断时续的。但其中最好的关系都是通过我自己的努力建立起来的。

这里有一个秘密：大多数像我这样的人都想帮助别人。在 JA 工作时，我可能比大多数人更有机会接触到更多的年轻人，并为他们提供建议。然而，JA 在 100 多个国家拥有数千名成绩优异的志愿者，他们愿意将自己的时间奉献给 JA 的学生和年轻校友，并且经常在与他们建立关系方面付出额外的努力。他们中的许多人将此视为自己的责任，并理解贡献时间和建议的重要性。他们希望你变得更好，并提升自己的价值。

很多时候，我听到人们以"我不想打搅别人"作为不愿向他人寻求建议和指导的借口。但你必须寻求帮助。不要害怕打搅别人。很多人都乐于接受适当的打扰，尤其是你在短信、电子邮件或请求中措辞具体周到，并尊重他们的时间时。你可以说："如果您太忙，那就等一等。"这就给了他们一个退路。可能发生的最坏的事情是什么？他们没有回应，他们太忙很多时候，我听到人们以"我不想打搅别人"作为不愿向他人寻求建议和指导的借口。但你必须寻求帮助。不要害怕打搅别人。

了,或者他们拒绝了。这也没关系。任何回应都可能是一段关系的开始。我知道,当我不得不说"不"的时候,我会有那么点内疚感,所以,下次或者之后我可能会说"是"。

再次强调,我并不是建议你无视或不尊重你的家人。在一些家庭和文化中,向家庭或社区以外的人征求意见的行为被视为"不尊重",给人的印象是你忽视了你的父母或长辈。我想说的是,成功需要冒险精神。敞开心扉,接纳那些能让你走出舒适区的人和观点,不仅仅是那些正在做你也想做的事的人,还有那些以你从未考虑过的方式取得成功的人。他们都有自己想要分享的故事。听听他们想说什么。问问他们相关的问题。然后再听听他们的答案。就像这三个故事里的人做的那样:敞开心扉,听取他人的建议。

▰▰ 延伸阅读经典范例 ▰▰

戴尔·卡内基的《人性的弱点》一书分为四大部分,即如何处理人际关系、如何让别人喜欢你、如何赢得别人对你的思维方式的认同,以及如何成为人们愿意追随的领导者,这是建立持久人际关系的永恒经典。这些原则、技巧的核心是在建立人际关系时采取积极的态度,"别批评、别谴责、也别抱怨"。在我们这个分歧严重的时代,大家好像更看重"不尊重"和评判,而不是提问和联系。在你乃至对方的眼里,那是一种贬低他人的行为,一下子违反了卡内基的两条原则:要有魅力,还要让人觉得自己重要。

根据弗朗西斯·赫塞尔本的说法,关键在于倾听。赫塞尔本是美国女童子军的前 CEO,也是弗朗西斯·赫塞尔本领导学院的 CEO,马歇尔认为她是他见过的最伟大的领导者之一。她在《我的领导力生涯》(*My Life in Leadership*)一书中写下了马歇尔所读过的关于倾听和领导力的最佳诠释:"倾听是一门艺术。当人们说话时,他们需要我们全神贯注。我们要聚精会神、仔细聆听;我们要倾听他们说出来的话语,也要揣度他们未说出来的信息。这意味着我们要直视对方，目光交汇；我们要忘记时间，那一刻我们只专注于对方。这就是尊重，这就是欣赏，这就是领导力。"

卡内基和赫塞尔本教给我们的技巧就是我们与他人接触并编织基思·法拉奇所说的"关系网"的秘诀所在。基思在其现代经典著作《别独自用餐》中，把与那些能帮助你实现自我价值的人的隔绝称为一种贫穷，而这里所谓的"贫穷"超越了经济资源的范畴。他写到自己在高尔夫球场当球童时遇到的那些人，而他却永远无法成为他们中的一员："朋友和同事的关系网就是他这样的球童们的背包里的最强球杆。"成年后，他意识到"我认识的那些非常成功的人，作为一个群体来说，并不是特别有才华、有学问或魅力四射。但他们都有一个值得信赖、才华横溢、鼓舞人心的朋友圈，他们可以向圈中好友求助。"请努力做个联结型管理者，拓展你的人脉圈子！

马歇尔讲堂：寻求帮助

正如阿希什在本书第 1 课中所阐述的那样，在现代生活中，白手起家的个人神话是夸张、不可思议且令人怀疑的。这种神话之所以经久不衰，是因为它向我们承诺了与我们的坚持不懈、足智多谋和辛勤工作相等的公正而幸福的回报。单凭一己之力取得成功并非不可能，但更突出的问题是：如果一路上寻求他人的帮助，肯定能取得更好的结果，为什么还要走"白手起家"的艰难路呢？你的人生并不会因为你自己的努力而变得更加"丰盈"、更加光荣、更加令人欣慰，甚至收获更多的可能性。

我们中有太多的人试图单打独斗。我们近乎病态的不愿求助的心态，并不是像色盲或音盲那样的遗传缺陷。这是一种后天缺陷，一种我们从小就习惯于接受的行为缺陷。不要接受这种条件反射。你创造丰盈人生的可能性会因为你敢于求助而大大增加，而且，在你的生活和事业中，你比你想象的更需要帮助。事实上，"我有没有尽力寻求帮助？"这个问题最近才出现在我的日常问题清单上。当时我问自己，我的生活中有什么任务或挑战，独自完成起来比寻求他人帮助更有成效性，但我想不出答案。你也应该学一学我的自我提问法。

想想曾经有多少次有人向你寻求帮助，比如，朋友、邻居、同事、陌生人，甚至是敌人。你的第一个冲动是拒绝他们、憎恨他们、评判他们、质疑他们的能力、在背后嘲笑他们需要帮助吗？如果你和我认识的大多数好心人一样，你的第一个冲动就是去帮助他们。只有当你没有能力帮助别人时，你才会犹豫不决，而且你很可能会向求助者道歉，把自己的无能为力视为某种程度上的失败。因此，在你拒绝请求别人帮助你的想法之前，请想一想：如果你愿意帮助任何向你求助的人，而不对他们有非分之想，那么，当你寻求帮助的时候，你为什么要担心别人不会像你一样慷慨或宽容呢？

"己所不欲，勿施于人"，这是一个双向适用的黄金法则，在谈及"请求帮助"和"给予帮助"的时候更是如此。我想，大家一致认为，生活中一些最美好的感觉是在我们帮助别人的时候产生的，对吗？可是，你为什么要剥夺别人同样的感觉呢？

第 9 课
做一个好徒弟

师徒关系是一条双行道。寻找导师只是第一步。现在,你需要做个好徒弟,向导师敞开心扉,听取他们的建议,让他们愿意继续为你和你的成功投资,并与你建立联系。这正是许多师徒关系失败的原因所在。你拿什么来回馈你的导师?又是如何回馈的?

我第一个重要的师徒关系是和霍华德·施瓦茨(Howard Schwartz)。我是通过摩立特公司认识他的,他是圈子贷的第一位非家族投资者,圈子贷是我创办的一家开创性的个人对个人在线贷款公司。从字面上看,我们的关系可能听起来很奇怪。圈子贷希望通过点对点贷款(P2P)颠覆人们的借贷方式,以比银行更低的成本和更大的灵活性实现抵押贷款、商业贷款和个人贷款。霍华德是凯捷公司(Capgemini)金融服务部门的负责人,凯捷是一家顶级的银行咨询公司,负责评估银行和银行业的趋势,从而使兼并和交易取得成功。霍华德是个银行家,也热衷于圈子贷,他认识到点对点金融服务才刚刚起步,并己的知识和人脉帮助我们发展。当时我的脑海里就有这样的想法:银行最终可能会收购我们,因此我知道霍华德能确保我们所建立的公司有朝一日会吸引金融机构。

霍华德帮我创建了圈子贷的第一个顾问委员会。他在布鲁克林的家中为我们的员工和投资者举办晚宴。早在"金融科技"成为一个日常用语之前,波士顿的金融科技界就对这一年度的盛会邀约垂涎已久。他是我们取信于潜在投资者的关键人物:如果与这些投资者第一次会面的目标就是获得第二次会面的机会,那么,第二次会面的目标就是让他们与霍华德通个电话。而这通电话几乎可以搞定全部交易,而无需再次通话。

霍华德还把我介绍给了他以前的客户吉姆·托泽（Jim Tozer），后者成了一名投资者，也是我的下一位圈子贷导师。吉姆是网上贷款市场平台"借贷树"（Lending Tree）的创始董事和投资者，该公司于2000年成功上市。他把我们的顾问委员会变成了一个真正的董事会，并给了我一些我原本不知道自己需要的教育。他要求我像经营一家上市公司一样经营圈子贷，设定季度目标，如果没有实现，就重新设定目标。吉姆一开始就知道我们不可能实现这些目标，因为我们还在学习，而且预算很低（当时流传的笑话是，我们的营销预算和他的午餐预算差不多）。但他知道，错过和重设这些预测会让我们的预测能力越来越强。

在遇到吉姆之前，我并不完全明白拥有董事会意味着什么。由于我与霍华德的关系，我原本觉得董事会对CEO来说应该是伯父般亲切和蔼的顾问，而不是那种督促你履行承诺、追究你的责任、指出你未完成业绩和兑现承诺的不足，以便你更好地管理期望值的机构。在那些董事会会议上，事情变得鲜活起来，这教会了我在运营圈子贷时要遵守的纪律，这反过来赢得了严肃的机构投资者的尊重。

故事讲到这里，你可以清楚地看到霍华德和吉姆对我的成就所做出的贡献。我付出了什么，他们又得到了什么？我是如何成为霍华德和吉姆的好徒弟的呢？首先也是最重要的是，我敞开心扉接受他们的建议。从招聘新员工和寻找投资者，到评估合作伙伴关系是否适合我们的公司，我在很多活动中都向他们提问和求助。同样重要的是，我对霍华德和吉姆的感激之情溢于言表。我在快30岁的时候第一次担任CEO，我从未让他们忘记我是多么感激他们，是他们让我成为一个更好的领导者，是他们让圈子贷成为一个更强大的公司。

但对我来说，要真正成为一个好徒弟，我必须理解霍华德和吉姆为我所做的一切的动机。**要成为一个好徒弟，你需要问的一个基本问题是：你的导师想要什么？他们的动机是什么——他们为你所做事情的背后动机是什么？**

要成为一个好徒弟,你需要问的一个基本问题是:你的导师想要什么?他们的动机是什么——他们为你所做事情的背后动机是什么?

要回答这个问题,你需要倾听导师们的故事,而不只是把他们写进你的故事里。当我倾听霍华德和吉姆的故事时,我发现他们的一大动机是,他们对指导和投资我的乐趣远远超出了他们开出的支票数额。他们在帮助我实现个人发展和职业成功的过程中获得了极大的满足感,而我的感激之词往往就是他们所需要的回报。但对霍华德和吉姆来说,还有比这更重要的事情。

霍华德最初投资圈子贷的时候,对互联网或数字营销并不了解,因此他接受了这方面的教育,并结识了研究点对点借贷的顶尖科技行业分析师。他遇到了创业界的投资者和其他有趣的人,可以说是金融科技领域的热门新秀,而这些人物与他的银行业并不相干。这有助于他在科技领域建立自己的人脉。他喜欢社交聚会,所以,他在家中举办了一年一度的大型聚会,这对他来说也很特别。霍华德还以验证者和专家的身份与那些正在了解银行业未来的技术投资者交流,并从中获得了极大的快乐。

吉姆曾在借贷树公司的董事会任职,因此他对我的生态系统兴趣不大,对相关教育的需求也不高。他希望从我们的董事会发展中获得如何让圈子贷吸引潜在收购者的信息,并教导我如何做到这一点。我真心喜欢与吉姆共处并向他学习,他也能看出我的真心实意。他以当老师为荣,所以我也要确保自己是他引以为荣的好学生。

我为霍华德做的事情就是我们今天所说的"反向指导"。反向指导是指年轻人指导年长者,指导范围很广,从新技术和软件,到如何更好地与新一代沟通。如今,鉴于职场变革的速度,所有的指导都有反向指导的元素,这正是你在职业生涯的任何阶段都可以向导师提供的回报。

但也不要忽视其他的事情:感恩小便签、定期更新、对导师的工作表现出兴趣、抽出时间、提出恰当的问题……所有这些都将确保导师们不仅支持你,而且,在你提出要求时,他们还希望推动你前进。简单地说,做个好徒弟的关键在于关系管理。

关系管理的需求从你建立第一个联系的那一刻就开始了。例如,在加拿大的一次青年成就奖颁奖活动上,我坐在哈什·沙阿(Harsh Shah)旁边。哈什是获奖者之一,他问我能否和他保持联系,然后他就要了我的联系方式。首先,他感谢我给了他与我交流的机会。其次,他恭恭敬敬地向我征求建议,只在他认为我能真正帮上忙的地方,比如,暑期工作,或者把他介绍给金融服务业的人,他就是在那里开始他的职业生涯的。他总是让我知道这些建议或联系的效果如何,以及他有多感激我的帮助。当哈什不需要我提供任何帮助时,他会随时告诉我他在做什么。他让我真切地感受到了我们之间的联系。这一切只需要一封简短的电子邮件——"只是想让您知道我得到了这份工作"或者"嘿,您介绍我认识的那个人给了我一个很好的建议,我很高兴您能介绍我们认识。谢谢您!"这样就可以继续建立和维持我们的关系了。当我邀请哈什成为这本书中的典型范例之一时,他立刻捕捉到了我的动机,并立即安排时间接受了采访。

当哈什向我求助时,我能拒绝他吗?当然可以。拒绝总是有可能的,在你努力取得更大成就的时候,你必须接受这一点。但请记住:大多数人在不得不拒绝的时候都会有一点内疚,如果你一直请求的话,他们可能会答应。因此,请听从马歇尔在上一课中的建议,不要害怕提出请求,当下一次机会来临时,请继续提出请求。不,你没有打扰我们。大多数人都像我一样:他们对别人感兴趣,想要分享他们所知道的东西。我们只是想以正确的方式被打扰:首先,你得尊重我们的时间,其次,如果我们不能马上回复,就给我们留一条退路。但是,当我们做出回应的时候,我们之间的关系就已经开始了。

▶▶ 延伸阅读经典范例 ◀◀

戴尔·卡内基的《人性的弱点》是一本经久不衰的人际关系管理大师级著作,尤其是其中的一课:"真心诚意地对别人感兴趣"。卡内基明白,如果有人愿意为你做事并为你的成功贡献力量,你需要让那个人觉得自己很重要,即使那个人已经凭借自己的能力赢得了众人的信任。在卡内基的讲述中,甚至连柯达公司的创始人、世界上最富有的人之一乔治·伊士曼(George Eastman)也会被感动,因为有人对他故事中的一部分产生了真诚的兴趣,而伊士曼自己几乎已经忘记了这部分内容。这种"唤起他人热情"的能力是卡内基基金会所谓的"人类工程学"的重要组成部分,根据他们的研究,善于唤起他人热情的能力占财务成功的85%,远远超过了任何技术知识。

今天,有太多的人对别人的故事中的智慧不屑一顾,或者没有表现出兴趣和欣赏,尤其是当这些人的风格、信仰、生活方式都与他们不一样的时候。

然而,在取得成就方面,这并不是一个新想法。马歇尔经常提到已故的小罗斯福·托马斯博士(Dr. Roosevelt Thomas Jr.)。20世纪70年代,小托马斯对他所谓的"参照群体"未被重视的影响提出了深刻见解,重塑了美国企业界对工作场所多样性的态度。正如马歇尔所指出的,小托马斯认为,我们每个人在情感上和智力上都与一个特定的群体有联系。我们今天认为这个概念是"部落主义",但在20世纪70年代初,用参照群体来解释社会动荡和人与人之间的差异是一个突破性的概念。他的观点对你今天的成就和当时人们的成就同样重要:如果你了解一个人的参照群体(他们与谁有联系、想给谁留下深刻印象、渴望得到谁的尊重),你就能理解他们为什么会这样说话、这样思考、做出这样的行为。

问题是,我们大多数人也有一个相反的参照群体。我们的忠诚和选择基于我们反对的东西,而不是我们支持的东西,这正是这些固定式课程中的"延伸阅读经典范例"试图弥补的问题。

这就导致了我所说的"智慧赤字"。摆脱这种赤字的方法之一,就是将好徒弟的思维模式应用于这些固定式课程中提供的"延伸阅读经典范例"。我敏锐地意识到,这些经典范例缺乏多样性。但我感谢卡内基等人对我的成就故事所做的贡献,以及他们对你们的成就故事的意义。请不要因为作者的身份及其生活的时代,或者他们故事中过时的部分,而漠视他们的永恒建议。我希望你们可以本着这种精神接受这些经典范例,并以此为契机，敞开心扉，听取他们的建议，还可以将自己的知识融入其中。

正如马歇尔所写，"你不必同意其他群体中的人，但如果你欣赏这些群体所施加的影响，你就不太可能被他们的追随者的选择迷惑，或者把他们斥为'白痴'。"

马歇尔讲堂：信誉矩阵

如果你听从阿希什关于如何做个好徒弟的建议，你就在赢得信誉方面迈出了重要的一步。我在《丰盈人生：活出你的极致》一书中指出，信誉不是上天赐予你的，而是你付出努力赢得的，而且你必须赢两次：首先是以出色的工作赢得信誉，然后因出色的工作而赢得认可。

那么，你如何赢得信誉呢？彼得·德鲁克（Peter Drucker）是一位具有远见卓识和影响力的商业与管理思想家，他说，在生活中，你是否聪明或正确并不重要，重要的是你给人们的生活带来了积极的改变。而创造这种改变是赢得信誉的两个方面之一。另一方面是证明我们自己。我们从很小的时候就开始寻求那些能够影响我们未来的人的认可：父母、老师、教练、老板、客户……每一个人都会成为左右我们的决策者。最终，向这些人证明自己成为我们的第二天性，但那就是我们开始犯错误的时候，而这些错误会损害而不是提高我们的信誉度。

为了帮助你确定什么时候向别人证明自己是一项有价值的活动，什么时候是浪费时间或弊大于利，我开发了一个"信誉矩阵"（见图3），说明了这两个维度之间的联系。

在使用信誉矩阵时，你要问自己两个问题：我是否在努力证明自己？证明自己能否帮助我带来积极的变化？在某些情况下，你的回答是信誉度高，在另一些情况下，你的回答是信誉度低。

如果这两个问题的答案都是信誉度高，即位于右上角的象限，也即"取得信誉"，那么你就处于最有利的位置。你积极主动地寻求认可，为自己或他人的生活带来积极的改变，学习你所能学习的，分享你所知道的，并永远心怀感激之情。

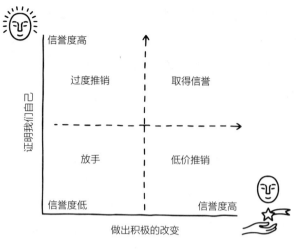

图 3 信誉矩阵

在"取得信誉"中,你是在毫无顾忌地推销自己,并对结果是否会带来积极的改变充满信心,而不是"低价推销"(右下角的象限)。在"低价推销"中,你的能力没有疑问,但是否会带来积极的改变却令人怀疑。

最不利的象限是左下角:"放手"。这是"不值得"象限,在这个象限里,你会竭力证明自己不会产生积极的影响,也不觉得需要别人的认可。正如德鲁克所建议的:"我们应该把精力集中在我们能真正对世界产生积极影响的地方。卖我们能卖的,改变我们能改变的,放弃我们不能出售或改变的。"

最棘手的象限在左上角:"过度推销。"这是"我本不该"象限,在这个象限,获得认可会提高你的信誉,但你却自作主张。

我陷入这一象限最严重的时候是在20世纪90年代初。当时我刚从国际红十字会在非洲开展的家庭救助项目中归来。当地报纸的头版报道了我的经历,加利福尼亚大学圣迭戈分校受人尊敬的政治学教授萨姆·波普金(Sam Popkin)博士为我举办了一个聚会。这是一个自我推销的绝佳机会,但这并没有阻止我向聚会上的一小群人大肆吹嘘我在非洲的经历。我头晕目眩、踌躇满志,表现得像个过分热心的"推销员"。

当人群散去后,一位年长的绅士留了下来。最后,我深吸一口气对他说:"对不起,我还不知道您的尊姓大名。"

他伸出手和我握手，说："我叫乔纳斯·索尔克。很高兴见到你。"

我不用问这位发明了小儿麻痹症疫苗的人："那你是做什么的？"他的名字就是他的信誉，他的信誉就是他的名字。这是他自己赢得的信誉，而我没有。那是我一生中最尴尬的时刻之一。

第 10 课
寻找能推动你的人

　　大学毕业那天，我给了父母一张 8000 美元的支票，这是我从学校收到的退款。毕业典礼结束后，当我们坐下来共进晚餐时，我把支票递给了难以置信的父亲。关于那 8000 美元的故事要从我大二那年的秋天说起，当时我和我的同学诺贝尔·古拉蒂（Nobel Gulati）想在一个学期里选修尽可能多的课程。我们选了 8 门课，而学校允许的上限是 6 门，这是院长在期末考试前两周把我叫到她办公室时说的，她告诉我需要退掉两门课。我解释说，我和诺贝尔已经从我们的学院顾问那里获得了加选课程的许可并签署了同意书，而且，我们已经完成了教授们布置的所有课堂作业，应该允许我们继续注册并完成考试以获得学分。她说她不在乎。如果有人违反规定，选修的课程超过了允许的上限，学校就无法生存。于是，我去找了我需要退选的两门课的教授，告诉他们发生了什么事。他们也认为，这么晚才通知要退课，真的是不公平的，但他们也帮不了我。他们还同意，如果我在下学期重新注册这些课程，我可以直接参加考试，他们会给我已修课程的学分，我在大四时就是这么做的。当那些教授向报名登记处表示我两年前就已经上过这些课时，沃顿商学院退还了我 8000 美元。

　　这个故事中的每一个细节都离不开诺贝尔（他之所以叫诺贝尔，是因为他的父母都是日内瓦的科学家，都希望他能获得"诺贝尔奖"）。他逼着我去测试每一个极限，以最大限度地提高我们的学习成绩，并突破我们在大学时可能达到的极限。我们争夺最高分，合作扩大校刊的影响力，他是校刊的发行人，而我是主编，他鼓励我尝试新事物。当诺贝尔确信我们需要学会吃鱼子酱（因为"成功人士都这么做"），他便说服我去纽约市的彼得罗西安鱼子酱圣殿。我们当天坐当地的通勤火车去纽约又回费城，还熬了个通宵。因为我们连交通费用都快负担不起了，更别说在纽约找个住的地方，还有吃饭的钱了。

大三下学期，诺贝尔和我甚至休学去印度，不是为了度假，而是为一家美国投资银行在印度的合资企业做可行性研究。他最终在那家合资企业工作，毕业后搬到了印度。我决定为摩立特工作，但在印度工作、与印度实业家会面以及与合资企业谈判的经历让我学到了很多。我们在一起的时候，诺贝尔从未停止对我的鞭策。

他在孟买举行婚礼时，我是伴郎，他竟然让我跳进港口，那是世界上污染最严重的水域之一。因为诺贝尔就是这么做的。他推动我去做那些超出我舒适区的事情。

我们在生活中都需要与"诺贝尔"结伴而行（从同龄人、导师到教练和领导者）来鞭策自己，让我们知道自己究竟可以走多远。**是谁推动你去实现目标？是谁让你走出舒适区？谁帮你克服众所周知的痛苦和对风险的厌恶？当机会来临时，是谁让你问"可能发生的最糟糕的事情是什么"并意识到（大多数时候）答案并没有那么糟糕。**

这种动态会造成人与人之间的紧张关系吗？当然！但这是一种必要的紧张关系。

谁是你的"诺贝尔"？他们为你做了什么？这些都可能发生变化，所以本节课掺杂了一些灵活式课程的内容。但在你的职业生涯中，对这些人的需求是固定式的。我还有海伦，她给了我生命中最重要的推动力：无论在什么情况下都要善待他人，要经常关心别人。她希望我在个人生活中也能像我在工作中学会的那样善良，总是先为别人着想。如果我们能准时参加晚宴，那是因为海伦让我走出家门，不必再回复几封邮件。她教我在图书馆读书时不要折角做标记（因为那是破坏公物），教我写感谢信（因为感谢能让世界更美好），教我用完马桶后即使不脏也要擦干净（因为这是你希望别人为你做的）。这种被逼迫的感觉有时会让我抓狂，但我学会了从中看到积极的一面。

但是提请读者注意：如果没有制衡的力量，那些逼迫你的人可能会把是谁推动你去实现目标？是谁让你走出舒适区？谁帮你克服众所周知的痛苦和对风险的厌恶？当机会来临时，是谁让你问"可能发生的最糟糕的事情是什么"并意识到（大多数时候）答案并没有那么糟糕。

你逼上绝路。诺贝尔就曾这样对我。他把我带到一条双黑钻滑雪道的悬崖边上，因为我相信他的话，以为他会在带我滑雪的时候随机应变，结果我就悬在了那里。这也是我感激海伦的另一个原因。那天，在污染严重的孟买港，海伦就在我身边，用指甲抠我的胳膊，阻止我跳下去，因为她能感觉到我还没有想清楚这一行为的后果。当我差点跳过护栏时，她就变身为我的护栏。

你需要这些"护栏人"来平衡"推你一把"的人，让你意识到什么时候适可而止，最糟糕的事情可能就像婚礼前和返程航班上吸入有毒污染物一样糟糕。"推你一把的人"往往永远不会满足。他们拒绝接受失败和限制，有时甚至会违反规则。这是他们的天性。有一个人作为制衡的力量，即使只是考虑风险和后果，也能把你拉回到安全的地方，这一点至关重要。

要是有人推着你往前走，那你也能学会反过来推他一把，再和他一起向前推进。在诺贝尔的帮助下，我懂得了竞争与合作并不总是对立的，即使别人和你追求同样的目标，你也可以为他们加油鼓劲。你欣赏别人拥有你所没有的技能和机会，你希望他们利用这些来取得最高成就。你们一起创作的故事也会非常精彩。

例如，在我创立圈子贷的时候，我的同学兼朋友彼得·库珀曼（Peter Kuperman）推动我把公司做大。彼得是一个想干什么就干什么的人，他想让我在融资时给我要求的每一个数字都加一个零，以达到十倍飙升的效果，雇用更好的员工，更加努力地打造更好的产品，提供更多的功能和好处。简而言之，我的目标是高山，而彼得让我上天揽星。这有时让我感到害怕，但它帮助我向投资者传递了对自己和公司的信心和信念。今天，彼得甚至督促我的孩子们，发短信鼓励他们往大处想。正如我儿子亚历山大所说："彼得叔叔推动我们在各个方面都做得更多。"

亚历山大告诉我，有彼得叔叔这样的人，激励着他鞭策自己和班上其他苦苦挣扎的学生，让他们树立起成功所需的信心。其实就是在你的成就之旅的每一个阶段建立自我效能感，并提升领导力。

延伸阅读经典范例

与那些以更正式的方式推动你解决问题并取得更多成就的人一起工作，直接与拿破仑·希尔所说的智囊团（点对点指导小组）联系在一起。他在 1925 年出版的《成功定律》（*The Law of Success*）一书中首次谈到了"智囊团"，但大多数人对智囊团的了解来自《思考致富》（1937 年），他在书中将"智囊团"描述为"两个或两个以上的人本着和谐的精神，为实现一个明确的目标而协调彼此的知识和努力"。智囊团可以只关注你自己的成功（就像个人董事会一样），也可以关注团队的成功。无论哪种方式，他们都是一种集体经验，希尔称之为"强大的推动力"，它提供智慧并要求你承担责任。如今，无论男女老少，都可以通过各种组织和网络参加智囊团。你也可以自己组织智囊团，与一群愿意相互支持的同龄人定期（每两周、每月或每季度）会面。

但是，莎伦·莱希特（Sharon Lechter）对这些团体提出了一个重要的观点。2008 年，拿破仑·希尔基金会邀请莱希特帮助重振拿破仑·希尔的教导，并与该基金会合作出版了几本畅销书，包括《战胜心魔》（*Outwitting the Devil*）和《思考致富（女性版）》（*Think and Grow Rich for Women*）。她指出，虽然这些团体就像你生活中的所有导师一样，会推动你、引导你、提出你可能看不到的选择，并教你克服障碍的方法，但他们"不是替你做决定的人"。与马歇尔关于抱负的观点不谋而合的是，莱希特写道："允许别人为你做选择，会把你引向一条你不一定要走的路，让你远离你当初的目标和愿景。相反，与那些能帮助你评估你眼前的信息的人一起工作，你就能做出适合你的决定，这将加速你在生活的各个方面的成长。永远记住，你才是自己生活的 CEO。"

马歇尔讲堂：你的抱负可以推动你前进

有人能推动你，帮助你克服对不确定性和风险的恐惧。有太多的人因为犹豫不决，不敢冒可能没有回报的风险，而屈从于他们认为并不充实的生活。但是，虽然推动你的人可以激发你的雄心壮志，但真正能推动你实现抱负的是你自己的选择。

你的抱负是你的私事，涉及你对你隐藏的能力和价值的追求。只有你自己知道自己在做什么。只有你自己可以判断结果。你感知着一个全新的你缓慢而稳定地诞生。只有你才能获得努力关注新事物所带来的成就感。而你也有能力叫停。就像雄心壮志一样，抱负并非关乎确定性，而是关乎成长——逐步的成长。

只有通过对某件事的渴望，通过享受、忍受或抵制这个渴望的过程，你才知道自己更喜欢哪一种结果。你必须参与渴望的过程（而不只是想象）才能理解成就感。在最好的情况下，你喜欢这个过程产生的结果，并不断努力在你正在做的事情上做得更好。在最坏的情况下，你会找到其他可以投入的事情。但至少你学到了一些东西，你永远不会后悔自己当初没有付出努力。

避免后悔并不是抱负的意义所在，当你越来越清楚地知道你的努力是令人满意还是徒劳无功时，你就会决定改变方向，而避免后悔只是其中的一个好处。后悔是当你不付出代价时所付出的代价。没有什么能阻止你早早地结束你所向往的生活，然后再后悔你为之浪费的时间和精力。想想看，最优秀的战地将领都是进可攻退可守的高手。

我很欣赏这其中的讽刺意味：虽然我在赞美抱负有一个重要的激励功能，它可以提升我们最高尚的本能，但我也在说，它还有一个宝贵的制动功能，就像一个预警系统，告诉我们停下脚步，重新思考我们正在做的事情。不要让这个双重角色迷惑了你。你的抱负是你最好的朋友，不管它是激励你前行，还是告诉你不要再浪费时间。

这当然比你实现了长久以来的抱负，却最终自问"仅此而已吗"要好得多。

第二部分　灵活式课程

随着时间的推移，你生活和工作的地方会发生变化，新的机会和职业选择会出现，你会晋升到更高的职位和拥有更高的领导职务，灵活式课程迫使你从更广泛和不同的角度（即更灵活地）思考你的成就之旅。你可以把它们想象成团队和个人在玩游戏时使用的策略：他们遵循规则，但根据比赛对象、地点和时间调整方法。

每节灵活式课程都有一个"教练之角"，由马歇尔教练网络中的一位教练发表评论。我们之所以选择他们，并不是因为他们的名字如雷贯耳。你可能没有听说过他们，也没有读过他们的书，但他们给世界上一些最有影响力的人提供了建议，他们的见解鼓舞着当今的领导者，塑造着那些人的领导方式。话虽如此，我还是要求所有这些教练通过他们成就之旅开始时的视角来阐述他们的评论。也许他们克服了障碍和失败，或者选择了一条与他人不同的道路，最终获得了成功。也许当他们作为胸怀大志的领导者取得更多成就时，有些事情发生了变化或有了发展。也许他们想到了一些他们所学到的或希望自己已经理解的关于现代成就的东西，他们今天把这些东西置于新的角度来剖析。再加上我的课程和马歇尔的评论，这些教练会让这些课程变得更具可操作性。

和固定式课程一样，灵活式课程中的第一组课程关注的是你的生活（自我修炼），第二组课程关注的是你的工作（职业）。

自我修炼

第 11 课　重塑思维，了解"尚未"一词的威力

第 12 课　关注权重，而不只是分数

第 13 课　将教育视为投资回报，而不只是投资

第 14 课　按顺序执行任务，拒绝多任务处理

第 15 课　拥抱混乱，欣然接受烂摊子

第 11 课
重塑思维，了解"尚未"一词的威力

每当我谈起小时候的口吃矫正时，我都会从我在多伦多世界领先的儿童医院每周一次的语言治疗课程说起，这些课程教会了我如何成为一名更好的公众演讲者。例如，我在医院的语言治疗诊所做的口齿流利练习之一就是使用抽认卡重复即兴演讲。治疗师会给我看一张抽认卡，上面有一个随机的单词，比如"纽扣"或"曲棍球"，然后我会试着针对那个词不结巴地说上两分钟，每说一个字我都屏住呼吸，慢慢地说。这样练习了几个月后，我几乎可以就任何话题即兴发言了。经过几年的练习，不经排练地公开演讲成了我的超能力。我学会了临时将单词和短语换成同义词，预测哪些声音会导致我口吃。

将口吃带来的尴尬和痛苦记忆重新构建为一种技能培养机会，使我成为一名能够快速思考的高效即兴演讲者，这对我来说是一种能力的提升。在我的记忆中，我的口吃让我变得消极悲观，阻止我追求成就：那些我没有加入的社团，那些我不敢接近的人，以及那些我没有被选中的领导职位。我只是选择记住积极的一面，并围绕我所取得的成就重新规划我的旅程，尤其是我从每周的语言治疗中获得的公开演讲练习。

我的积极和坚持不懈的乐观（见第 1 课）显然使我成为大多数成年人中的少数派。研究表明，大多数人的乐观情绪在青少年时期达到顶峰，在以后的生活中逐渐减弱。根据联合国儿童基金会的"改变童年计划"，除了印度、摩洛哥和尼日利亚，每个国家的年轻人都比老年人表现出更大的乐观情绪。但乐观情绪并不一定会随着年龄的增长而衰退。你可以通过掌握重塑的能力和了解"尚未"一词的威力来阻止这种衰退，并增强你的乐观主义精神和你所需要的自我效能感。

重塑专注于技能的培养，而不是自我价值，就像我对口吃所做的那样。它以你在第1课中培养的乐观精神为基础。记住这一点：悲观主义者认为挫折是永久的。他们会有这种感觉，是因为他们在那一刻最受伤。**重塑思维，将消极思维转变为积极思维，这不仅需要你相信挫折不是永久的，还需要你看到挫折对学习和成长的意义。**

把重塑思维的过程想象成学习乐器的历程。你需要大量的练习（和一位好老师），但你不能指望马上就能弹得很好。这并不意味着你不擅长，除非你相信自己就是不擅长。有太多人习惯于相信这一点。

20世纪60年代，马丁·塞利格曼创造了"习得性无助"和"习得性乐观"这两个术语。那些认为自己的逆境或失败是暂时的、转瞬即逝的（"我犯了一个错误，但这个问题不会永远持续下去"）或具体的（"我在这个项目中犯了一个错误，但这并不意味着我就不能管理如此规模的项目"）人，就不太可能对自己的能力和前景产生习得性无助。他们不会从消极的角度讲述自己的成就故事，比如，他们没有得到的所有成绩、他们没有进入的学校、他们没有达到的目标、他们从未得到的工作、拒绝他们的投资者等。他们把这些故事重塑为帮助他们追求成就的一部分。

我在许多成年人身上看到了更多习得性无助的后遗症，甚至连那些与我共事过的成就斐然的人也不例外。他们看到在某些方面比自己更优秀或更成功的人，不是说"我怎样才能向他们学习"或"他们能做到，我也能做到"，而是说"他们比我有优势"或"他们一定有我没有的东西"。换句话说，他们贬低了自己的自我价值。他们陷入关于自己的负面故事中。这也会导致"冒名顶替综合征"，即使在他们取得成就和成长的过程中，这些高成就的人也会怀疑自己的能力，觉得自己像个骗子，不管他们表现得多好（或者别人说他们表现得多好），他们都会感到焦虑。

习得性无助与桑音·香（Sanyin Siang）所说的"比较陷阱"有关，她在杜克大学的学生、她指导的高成就高管和她自己身上发现了这种焦虑。桑音的解决方案是什么？重塑思维！她说："我们正在帮助别人解决的问题，正是我们自己要解决的问题。我们接受的教育是，我们必须不断证重塑思维，将消极思维转变为积极思维，这不仅需要你相信挫折不是永久的，还需要你看到挫折对学习和成长的意义。

明自己。如果我们反过来说'我有贡献。我有价值。让我们来谈谈这可能是什么',我们如何与自己进行这样的对话?"

以这种方式重塑你的成就,有助于帮助你理解如何看待自己的价值以及你正在做的事情的价值。你要接受在某些事情上总会有人比你做得更好,也总会有人在某些方面不如你。所有这些人都可能取得你没有取得的成就。你可以因此让自己不开心,也可以以此为契机,继续努力,让自己的技能更上一层楼。对于那些难以说出"我能做到"并患有冒名顶替综合征的高成就者来说,这种重塑会迫使他们承认自己的贡献,以及可能做出的与他人不同的贡献,而不是他人拥有而自己缺乏的东西。

重塑思维是摆脱习得性无助、走向习得性乐观的基础。例如,"我不擅长要钱,所以我的创业公司永远得不到融资"变成"在我的人生中,我一直没有把要钱放在首位,但现在,这是我想要为我不断发展的事业掌握的技能,我可以学习这项新技能,就像我学习其他技能一样"。

你只需要一个词就可以开始这个重塑思维的过程,这个词就是"尚未"。

> "尚未"是我们拥有的最乐观、最灵活的词之一,你只需要做这个简单的练习就能发挥它的威力:与其想"我做不到",不如想"我尚未做到"。例如,不要说"我不擅长数学",而要说"我尚未学好数学"。意思是,"也许我还没有找到如何在现实世界中应用数学的价值"。不要说"我没有找到合适的工作",应该说"我尚未找到合适的工作"。
>
> 试着用"尚未"一词来形容你现在正在努力实现的事情。感受这个词如何将你的消极思维转变为一个关于未来可能会怎样的积极故事。这种感觉就是你在赋予自己成长型思维的力量。

当然,如果你过度重塑,总是说"尚未",你可能会被困在重塑的故事中,这就是灵活式课程不等同于自由式课程的原因。你不能用"尚未"来摆脱求助的愿望,独自行动,或者忽略坏消息的影响,或者无视关于你自己或某种情况的真相。对不起，无论我说多少次"尚未"喜欢上蛋黄酱，我都不会有喜欢上蛋黄酱的那一天。这是痴心妄想。但是，在培养乐观主义精神的同时，我们也不能掉入"毒性正能量"的陷阱。

在我们的成就之旅中，我们都会有自我怀疑和悲观的时刻。当我创建圈子贷，试图重塑社会融资和点对点借贷的对话时，我一直都有这种感觉。就像我希望我推销的对象能够放下他们对网络金融的固有印象一样，我必须将每一次失败、拒绝和障碍都视为暂时的挫折，然后从中吸取教训，放下包袱，继续前进。

当你需要重新审视自己、谈判协商、推销自己的想法，并让别人服从你的领导时，学会在不自欺欺人的情况下重塑情境是你职业生涯的强大驱动力。如果你在一个组织中工作，即使是在一家大公司或跨国公司，想让别人支持你的观点并获得超出配额的资源，就必须具备坚韧不拔的精神和能力，而这要求你做到足智多谋且锲而不舍。在试图说服他人并让他们同意你的观点时，请重塑你们的对话。你不会总是成功，但你可以把失败看作你"尚未"找到前进道路。

教 练 之 角

桑音·香
"未雨绸缪，为意外做准备"

我是那种凡事都要计划好的学生。我知道我想成为什么（医生），我需要去哪里（一所顶尖大学），以及我需要做些什么才能达到目标（在课堂和活动中表现出色）。在取得成就方面，我采用了阿希什可能称之为固定式课程的传统方法：我所做的一切都符合我的计划，而且行之有效。我获得了全额奖学金，进入了杜克大学。但大学却对我一直以来所信奉的"成绩决定智力"的观念提出了挑战。课上得很辛苦，我溜号了，然后躲了起来，而不是寻求帮助。有一节课我不去上了，结果得了 D，连奖学金都没了。我的世界崩塌了。

把我的世界重新拼凑回原来的样子,才是发生在我身上最好的事情。从那时起,我开始未雨绸缪,为意外做准备:为运气做打算,而不是为当医生做计划。

我说的运气并不是指幸运的意思。我指的是要时刻准备着,洞察机遇并抓住机会,而这些机会来自对实现目标的探索。未雨绸缪的态度让我找到了今天我所热爱的投资组合职业:这份职业涉及的范围很广,从领导

桑音·香

一所重点大学的领导力中心,到为高层领导人提供建议,再到投资科技初创公司和体育行业,这些都是我在成为一名医生的过程中从来不知道的工作,更不用说对这些工作产生兴趣了。我的"失败"让我有机会坐下来,重新思考我的人生规划(我是谁,我想成为什么样的人)。我预设的道路已经一去不复返,于是我问自己:还有什么可能?新的学习方式和发展潜力呈现在了我面前。比如,也许我不会成为一名医生,但可不可以研究医学伦理学呢?我从来没有考虑过这个问题,因为我的方法太固定了。高中时,我做了一份清单,为了成功,我需要做的每件事都被打上了钩。现在,我追求的是知识、学习和成长,而不再是打个钩。

未雨绸缪的力量就是"尚未"一词的力量。它赋予你拥抱不同事物的力量,比如,重塑你的前进方向,平衡你追求成就的固定式方法和自由式方法。"接受不同的体验"(见第24课),包括但不限于你的专业、工作或你擅长的事情,这样可以让你在这些方面做得更好。它促使你把自己的思维框架变大,走出现有的思维定式,或者,至少理解和探索思维框架里的更多东西。它还能让你做好准备,迎接"尚未"到来的事物。我告诉我的学生,三五年后他们将从事的工作类型目前甚至"尚不"存在。未雨绸缪,为意外做准备,可以帮你去应对各种偶然事件,并敞开心扉去迎接各种可能性。

所有这些都使得"未雨绸缪,为意外做准备"成为本课的完美补充,

并在取得成就方面具有整体灵活性。如果你故步自封，你将总是倾向于关注自己的不足，而不是专长。据我所知，成就最高的人都会出现这种情况，这也是导致冒名顶替综合征的原因。我也不能幸免。我在脑海里一遍又一遍地播放我的错误。但我知道，现在的我不会被我过去的错误束缚，也不会被我过去的胜利定义。我必须严于律己，养成面对失败、从失败中吸取教训的习惯，我还必须将这股能量注入我的工作中，并在继续书写我的成就故事的过程中，不断取得成功并找到成就感。

你要未雨绸缪，为意外做准备，还要知道过去的失败和成功都会成为你前进的强大动力。你要选择你的故事将走向何方，这就是你的"尚未"模式。即使在你正在做的事情中，或者在你做其他事情的时候，你也可以开启"尚未"模式的又一篇章，还有另一条道路等着你去探索。你始终可以选择改变过去和未来的意义。

桑音（个人主页：teamsanyin.com）是一位 CEO 教练、作家，也是杜克大学福库商学院领导与道德训练中心（COLE）的执行董事。桑音通过专注于心态和行为的改变，帮助领导者取得更大的成功并创造更大的价值。她的获奖著作《启动之书：启动你的创意、创业或下一份职业的励志故事》(*The Launch Book: Motivational Stories to Launch Your Idea, Business or Next Career*)，帮助读者建立一种领导心态，以应对他们的职业、生意和生活中的变化。2023 年，她被 Thinkers 50 评为"传奇教练"，并入选"教练名人堂"。

马歇尔讲堂：当我们过度关注成就时会发生什么

与我共事的人都注重成就。这是好事。当你过分关注成就或某一种成就时，麻烦就会找上门来。这就是桑音的遭遇。她的自我依附于她的成绩（如考试分数），当她没有取得好成绩时，她的"世界就崩塌了"。即使她取得了预期的结果，这些结果也没有让她感到满足或快乐。每一个结果都让她需要更多。当她实现成为一名医生的目标时,她会很高兴。这是一种错误的"尚未"心态,对我来说是再熟悉不过的了。

与我共事的高成就者过分注重取得成果和他们设定的目标,因此他们需要的成就感也越来越多。高成就者的问题是,他们总是说"当我……时,我会很快乐"(此处省略很多字,如赚这么多钱、开这么好的车、买这么好的房子,等等)。现实情况是,这根本行不通。因为我们永远无法达到目标。我们一直在移动终点线。

我指导的人当中有一半是亿万富翁。我从他们身上学到,无论你赚多少钱,你都无法在生活中找到平静或幸福。为了赚钱而努力赚钱并没有错,为了成就而追求成就也没有错,只要你不相信其中任何一件事能决定你作为人的价值,只要你不相信它们会让你快乐。快乐和成就都是独立的变量。你取得很多成就时,你可能快乐,也可能痛苦。你一事无成的时候,你可能快乐,也可能痛苦。

成就也不会带来满足感。事实上,它往往会导致相反的结果,那就是"遗憾"。当我们想象如果我们做了别的事情可能会发生什么时,就会产生遗憾的情绪。这就是阿希什的这堂课和桑音的评论的力量。你可以重新审视遗憾,你不必带着过去的遗憾过未来的日子。你可以重新出发,在生活中不断改变。总有一个全新的你。没有真实的你,没有固定的你。除了你自己,没有人能让你成为你自己。你只是"尚未"探索那个可能成为你的人。

第 12 课
关注权重，而不只是分数

我们很多人做过的压力最大的选择之一就是去哪里上大学。从确定申请学校、填写入学申请表、申请助学金和奖学金、等待答复，到最后选定一所学校，整个过程往往让人不知所措。这对我儿子亚历山大来说，整个过程相对轻松。他决定了自己想去的学校，提前申请，然后就被录取了。我的儿子艾略特则需要等待，但他发现自己有几所非常优秀且风格迥异的学校可供选择。他的压力并不大，但他仍然需要在 5 月 1 日的最后期限之前做出决定。

虽然最终决定权在艾略特手中，但我和妻子海伦都有自己的看法，他也愿意在考虑过程中听取我们的意见。所以，我们使用了一个电子表格来整理这些信息。

我意识到最后一句话对于上哪所大学这样的个人决定来说听起来太商业化了，但请听我说完。

我想在哪里上大学？我想在哪里生活？我想在哪里工作？很多人都会问这些大问题。也许你会试着通过列出每个选择的利弊来回答这些问题。或者，你可能会根据各种选择所提供的服务进行比较。也许你会求助于家人、朋友和其他人，询问他们的看法。也许他们已经在告诉你他们的意见，试图影响你的决定。所有这些"可能"都可能导致答案的产生，但同样也可能导致不确定性、困惑和做出错误选择的恐惧。凡事都想得太多，你可能会发现自己无法做出选择，从而陷入可怕的分析瘫痪，或者在做了决定后感到后悔。

重大的决定通常是大脑和心灵之间的辩论。关注权重，而不只是分数，这是对大脑和心灵的尊重。你的大脑会列出各种类别。你的心灵会告诉你每件事对你有多重要。列一张利弊清单是不够的。一个真正重要的优点可以盖过一堆缺点，反之亦然。你需要问清楚每件事对你有多重要。

如果我们不权衡哪些才是真正重要的事情，我们就无法对选择有深刻的理解和洞察力。如果不考虑权重因素，我们就会固守原有的价值观，忽视时间的流逝、信息的增多以及我们所处的位置等因素对我们决策的影响。

这又让我想到了电子表格。我们处理艾略特决定的方法是列出所有的重要因素，并给它们打分，然后根据我们的感觉自行权衡。首先，我们列出了对我们来说很重要的类别，比如学术水平、研究生院、就业准备和安置、实习机会、大学生活、课外活动、专业范围、声誉、校园环境、支持系统、与家庭的距离，以及成本或经济考虑。我们为艾略特、海伦和我制作了专栏，以 1~10 分的标准为每所学校的每个类别打分。第一轮打分完毕，我们问自己每个类别对我们有多重要，然后在 1~100 分的范围内给它们打分。第二轮打分完毕，我们将两个类别的分数相乘，并将它们相加，得出每个学校的总分。

做这种练习可以帮助我们每个人清楚地表达什么对我们重要，以及有多重要。在我们将电子表格中的选择拿到餐桌上讨论之前，该练习会对我们的选择产生影响。我们可以正视自己的偏见和盲点，把一个类别的排名从 1 改为 5，或者把权重从 90 改为 50，看看这样做会给我们带来什么感觉。我们通过查看彼此的排名和权重，清楚地了解彼此的观点和优先级。例如，艾略特对所有学校的学术水平和与家庭的距离的排名与海伦和我的排名截然不同。但由于他对这两个因素的权重比我们低，因此这两个因素对他的分数影响不大。他对文化的重视程度很高，因此文化排名的任何变化都会带来很大的不同。

最后，当晚得分最高的大学……并不是艾略特就读的那所。但最初的分数并不是我们练习的重点，我们的重点是了解权重的重要性，并在那一刻创造了一个记录。这样，如果情况有变，我们和艾略特都能有所反思。对艾略特来说，情况确实发生了变化。他在参观所有校园之前就制作了电子表格。参观结束后，他又选择了另一所大学。随后，他收到了一份出乎意料、不同寻常的奖学金。这份奖学金让他感觉很棒，也巩固了那所大学作为他的首选学校的地位。所有的重新考量都不是因为那份电子表格，而是因为这份奖学金。他只是改变了他对成本或财务等考量因素的权重和排名。

本书的第3课和第4课也和本节课相关。"写下你的决心清单"和"元学习和元思考"都属于固定式课程，可以帮助你创建一个重要的思考记录，供你反思。而本节课提示你，随着时间的推移、经验的积累、信息的收集，以及环境的变化，请使用这些技能来调整你的权重和分数。

这不是过度思考，这是必要思考。

当我们离开家，结识新朋友，有了新老师和新教练，并且随着时间的推移在我们的"电子表格"中添加了新的类别（如养家糊口的最佳地点或生活成本）时，我们往往会对事物做出不同的评价。关键是在做完第一次评估后，要回头检查并改变权重，以测试并了解哪些是你重视和需要关注的，而哪些可能不那么重要。这样做可以迅速挖掘出你的隐性价值，促使你看到别人告诉你的东西之外的东西，并使你的任何决定都更加有意识。事实上，正如马歇尔在他的评论中所说的，衡量一件事对你有多重要，可能会揭示出你一开始就不应该在那个决定上浪费时间。

这种用心是否意味着艾略特做出了正确的决定？也许这是一个错误的问题。关键是他以一种有意义的方式做出了决定。无论接下来会发生什么，做出决定的行为本身都很重要。

如果事实证明某个决定是错误的呢？无论你是对行动有偏见，跟着直觉走，还是做出熟悉的或安全的选择，以避免冲突，或者是采用我的方法，利用各种因素和权重来做出重要决定，那么，无论这个决定看起来多么重要，你之后仍然保留了选择权。

最重要的是，不要担心。担心是过度思考的"小妖精"，而后悔则是这个小妖精的小跟班。根据世界经济论坛的研究，在你的一生中，你可能会做至少20份工作、从事7份职业。如果选择错了，唯一糟糕的决定就是没有像桑音在上一课中所做的那样走出遗憾的阴影。重新审视自己，你就会意识到，你没有权衡对你来说最重要的东西。

教练之角

林赛·珀莱克
"战胜决策疲劳"

我当时在一家美甲沙龙，必须为我的美甲挑选一种颜色。那里至少有400种颜色可供选择，所以我把范围缩小成浅粉色系列，但还有50多种颜色可供选择。我都不好意思告诉你，我花了多长的时间才敲定了一种颜色。

指甲油的颜色几乎就是低风险决策的定义，但它生动地说明了我们经常要面临大量令人不知所措的选择。尤其是像我这样的完美主义者，这很容易导致"决策疲劳"。你可以想象，对于一个甚至无法在"甜心老爹"色系和"小姐姐"色系之间做出选择的人来说，选择专业或职业道路是多么困难。

林赛·珀莱克

如果你有时在生活或事业中为"决策疲劳"而苦恼，以下是一些建议。

- **找到自己的视角**：记住，人们总是会根据自己的视角给你建议，从而影响你的视角。我喜欢阿希什给他儿子上的这一课，因为它帮助他看到了自己和父母的个人视角，而不是集体视角。

- **果断做出决策**：优柔寡断是你幸福的真正敌人。作为一个完美主义者，我讨厌这个建议。更让我讨厌的是，这个建议居然管用。

- **反复斟酌，不断迭代，直到做对为止**：没有完美的决策，也没有无法挽回、无法从中学习或发现积极一面的错误决策。尽你最大的努力，然后在此基础上反复斟酌，不断迭代。

理解最后一点对你拥有所需的灵活性至关重要，不仅是在做决策时，而且在决策之后，尤其是在你还年轻、还在摸索的时候。有时候你不知道一个决策会把你带到何方。正如阿希什所说，随着你所处的境况和环境的变化，你的视角和期望（无论是个人的还是职业的）都将改变你对重要事物的权重以及对你来说重要的事物。每个决策和迭代都会带来新的机会和可能性。

这就是我在大学时的经历。我没有像买指甲油那样纠结于这个决定。上大学时，我确信自己将主修英语，因为我的父亲是一名高中英语老师，他给我灌输了对文学的热爱。我承认我很荣幸能说这是我的专业。但到了大学后，我并不喜欢英语课。所以，大二之后，我就改学了"美国研究"专业，也就是说，我学的是流行文化。"美国研究"的名气远不如英语。但我很喜欢这个专业。

我坚持自己做出改变的决定，于是选择了走自己的路，最终演变成了我今天热爱的工作。

我的故事告诉我们，在做决定之前，我们需要努力找到自己的视角。我们的决定和期望（即我们的视角）会受到我们所处的环境、背景和周围人的影响，而且通常影响很大。我们需要摆脱这些影响，敞开心扉，做自己想做的事，做出自己的选择，甚至找到一些与众不同的新选择。

我的指甲油"传奇"就是这样结束的。在看过50种粉红色之后，我把其中两种混合在一起，做出了属于自己的颜色！我把自己想要的最好的东西整合到了一起，给自己找了一条出路。阿希什会说，这是一条在我个人的愿望和眼前那些看似固定的选项之间的灵活道路。

在做决定的时候，作为教练，我的理念是：先从某个地方开始。阿希什和我都知道，没有办法让你提前知道哪个决定是正确的。你仍然需要做出决定，继续前进。我最担心的是你没有做出任何选择，而不是没有做出正确的选择。在面对艰难抉择和众多选项时，有些人可能会陷入分析瘫痪的状态。但部分原因在于，只做一个选择并坚持到底，似乎并不明智，甚至听起来很危险。所以，请进行多样化选择，这也是一种选择。

林赛·珀莱克（个人主页：lindseypollak.com）是职业生涯和多代工作场所方面的世界一流专家，曾为数百家机构提供咨询服务，其中包括安泰、雅诗兰黛、通用电气和顶尖大学。她还是一位畅销书作家，著有《把自己当成老板：新一代领导者的新规则》（*Becoming the Boss：New Rules for the Next Generation of Leaders*）和《从大学到职场：你在现实世界中取得成功的必备指南》（*Getting from College to Career：Your Essential Guide to Succeeding in the Real World*）等书。

马歇尔讲堂：不选择也是一种选择

十年级的时候，每次我们完成重要的阅读任务后，英语老师都会让全班同学写一篇作文，题目不限。但作文必须与我们刚读完的书、戏剧或短篇小说有某种联系。我们的老师称这些作文为"自由式作文"。十一年级的时候，我们的新英语老师也布置了一个类似的练习，只不过题目由他来选。我问他为什么不像以前的老师那样让我们自由选择话题。他说："我是在帮你大部分同学的忙。多年来，同学们一直抱怨他们毫无思绪。自由选择自己的话题是他们最不想要的。"

谈及流媒体服务方面的选择时，有人会说"没什么可看的"或"要看的太多了"，每当听到此类的话，我就会想到这一点。这两种说法都在说同一件事：我无法选择。流媒体服务公司深知这一点，因此他们在算法上下功夫，根据你刚刚观看或喜欢的节目，精准地向你推荐你可能喜欢的其他节目。在法国，如果你滚动屏幕的时间太长，网飞公司会为你做出选择，努力让你留在这个平台上。

我的英语老师和网飞公司都知道阿希什和林赛在这节课中所阐述的道理：丰富的选择让我们感觉好像根本无法选择。然而，只有当我们下定决心时，我们才会有所改变或进步。

我们每天都会在不知不觉中做出至少100种选择。我们选择穿什么、吃什么、怎么去上班、什么时候休息、读什么书、看什么节目、什么时候睡觉……但这些选择大多是自动的、即时的、不假思索的。

要过任何一种生活,你都必须做出选择。我们的生存是由选择主宰的。创造自己的丰盈人生始于更有意识的选择。重要的是,要筛选出你对未来怀有的所有想法(假设你有想法的话),并致力于一个凌驾于其他一切想法的想法。这说起来容易,做起来难。因此,我只想从一个方面入手:选择不去做选择。

按照阿希什的建议,我一直非常重视根据自己的优先事项来制定适合自己的衡量标准。有些人喜欢针对某项收购业务、演员头发的长短或墙面灰色油漆的具体色调,竖起大拇指点赞或撇下大拇指给差评。我不喜欢这么干,也许你也不喜欢。然而,大量研究表明,做出选择的过程可能是你每天耗费脑力最多的时候,它会导致你的精力枯竭,最终导致你做出错误的决定。所以,当选择无关紧要的时候,我选择不去做选择。

当我需要一个新的助理时,我会雇用第一个符合条件的面试者。在餐厅用餐时,我会问服务员:"你会选什么?"久而久之,避免那些对我无关紧要的小选择已经成为我最高的先验原则之一。这不是懒惰,也不是优柔寡断。这是一种有意识的做法,回避任何非必要的选择,为一天中偶尔出现的重要决定节省脑细胞。

如果我让你记录一天中所做的所有选择,首先,你当然可以决定接受或拒绝这个请求;然后,你可以选择纸张、便笺、笔记本或数码设备来记录这些选择;再然后,当你开始记录时……你估计你一天会做多少个选择?我是一个回避选择的极端主义者,平均一天我会在下午4:00之前做出300个选择。

创造"丰盈人生"首先是一个尺度问题:在重要的事情上大做文章,让你保持信息的连续性;在不影响结果的事情上小做文章。"丰盈人生"就是要活出你的极致:最大限度地利用自律和牺牲精神去做你需要做的事;尽量减少你不需要做的事。

第 13 课
将教育视为投资回报，而不只是投资

我最喜欢的 JA 活动之一就是国际贸易挑战赛。这通常由 JA 的亚洲分部主办，并由联邦快递（FedEx）的企业志愿者提供支持，这个活动将来自许多国家的学生聚集在一起，让他们共同解决一个与他们所在地相距甚远的商业挑战或社会问题，鼓励他们开展研究并了解世界的另一个角落。学生们事先并不知道主题，他们会与来自不同国家的伙伴分到一组，然后他们必须运用创业技能，通过共同努力来产生解决问题的想法和解决方案。在一天结束时，他们向一组评委展示他们的计划，由评委决定哪一组获胜。例如，我看到来自中国、印度尼西亚、新加坡和亚太地区其他国家的几组学生合作为古巴的一家餐馆设计商业计划。他们的想法非常新颖且有创意。其中一个小组意识到，古巴在医疗保健系统上投入了大量资金，因此古巴公民非常关注自己的健康。因此，他们创建了一家餐厅，将健康检查作为点餐流程的一部分，为食客推荐合适的食物。另一个小组设计了一家餐厅，利用古巴的土壤和气候优势，在屋顶上种植尽可能多的菜品，使所有菜品都尽可能地新鲜和本地化。

不过，比起那天我听到的所有创意，我更记得学生们在学习制订计划的过程中获得了多少乐趣。为了取得更多更好的成就，你必须学会将珍惜和享受教育视为一个过程。就像现代成就一样，成功和成就感来自学习的过程，而不只是达到既定的教育目的和目标——这些目标可能来自你自己、学校或者你的家人和老师等这样的人。

将教育视为一个过程，是将其视为投资回报而不只是投资的重要前提。请注意我有意重复了"不只是"这几个字。教育是你的时间投资，通常也是你的（有时是别人的）金钱投资，我们都希望得到投资回报，即收回你投入的东西，无论是时间还是财富。你应该有学习的目标和目的，并从你的努力中看到结果。如果那些JA学生从来没有制订过计划，他们就不会完成任务。但是，只看结果会限制你的教育价值。当我说到投资回报时，我的意思是指你的投资所获得的回报，即收回的金额高于你的投资金额。无论是用定量的指标，比如学位、工作或更高的薪水，还是用定性的指标，比如求知欲、人际关系、机会、以不同方式思考问题的能力，以及从学习新事物和结识新朋友中获得的幸福和满足感。

简而言之，你越是把所有的学习和对学习的投资看作对你投资的整个过程的一部分，你得到的回报就越多。这种投资远远超越了"课堂"。在学校，学习可以来自实习、合作项目、强化课程、体验式学习以及俱乐部和体育活动。放学后，学习可以来自导师、人际网络、参加会议，以及尽你所能了解你所从事的业务和行业。但这种学习也应该延伸到你为自己所做的事情上，比如学习如何烹饪或跳舞，加入一个团体进行体育运动或开展活动，为某个组织提供志愿服务，或开始一项副业。这些对你的投资有助于拓展你的世界和发展新的视角，也有助于你了解自己是谁以及是什么让你与众不同。

教育，像任何过程一样，必须灵活才能成功。在这个变幻莫测的世界里，你可能会有很多工作和职业，无论你在高中、大学或更高阶段接受何种教育，你都需要不断以新的和不同的方式学习。更重要的问题是，为什么这需要成为一门课程，这与许多人在货币投资中失去长期收益的原因是一样的：他们过于看重自己的投资回报，即收回自己的钱，而不是随着时间的推移积累回报。

请看美国高等教育的故事。与世界其他国家相比，美国高校的学费非常昂贵。因此，许多学生选择了计算机科学或生物化学等STEM㊀专业。毕竟，STEM专业毕业生的平均收入高于文科专业毕业生。拥有STEM学

㊀ STEM是Science（科学），Technology（技术），Engineering（工程），Mathematics（数学）四门学科英文首字母的缩写。

简而言之，你越是把所有的学习和对学习的投资看作对你投资的整个过程的一部分，你得到的回报就越多。这种投资远远超越了"课堂"。

位后,他们就可以开始收回自己(或家人)的投资,开始独立生活,也许还可以开始偿还学生贷款。在很多情况下,主修STEM学科的学生毕业时的收入确实是文科专业学生的两倍多,但到了职业生涯中期,文科专业学生的收入就会赶上并超过STEM专业的毕业生。造成这种情况的原因有很多,比如,新技术的快速发展,每个人(不只是STEM专业的学生)都必须不断学习和培训才能跟上时代的步伐。再如,自动化的迅猛发展,文科专业的学生往往会培养和重视难以自动化的软技能,以帮助他们成为更好的领导者,并赋予他们查看数据的能力。

无论你如何撰写自己的成就故事,我都希望你能了解自己对教育和学习的整体重视程度。你总是希望自己的投资有回报。但是,高估投资回报的需求往往意味着贬低你所热爱的事物的价值,这就会产生不利后果。想一想你接受教育的过程,看一看你追求教育和未来学习的投资回报,不仅是为了成功,而且是为了更快乐、更健康、成为世界上更好的公民。

教 练 之 角

迈克尔·邦吉·斯坦尼尔
"学习好奇心的力量"

在我的人生中,我已经完成了很多教育目标:我是罗德奖学金获得者,拥有英语学士学位、文学硕士学位和法学学位。我在回顾这些教育成就的过程中认识到,人们常常将这些证书的庆祝和认可等同于"聪明"与"拥有正确的答案"。这正是获得高分和高GPA的原因。我们生活在一个过度崇拜知识、答案、解决方案、头衔和观点的世界,这导致许多人总是需要通过证明自己有多聪明来展示自己的价值。这其实很讽刺,因为我们的世界正让知识、内

迈克尔·邦吉·斯坦尼尔

容和信息变得越来越容易获得、更具交易性,其价值也越来越低。几乎所有我们知道的事情,谷歌和人工智能都知道得很清楚,而且回答得更快。如果我们认为我们从教育中获得的信息、知识、学位和证书就是我们的"超能力",那么,这种想法有点欺骗性,可能会对我们的成功构成危险。

需要明确的是,我不是反对教育,我只是对学术证书在职业生活中被诠释的方式持谨慎态度。你的 GPA 不可能是你最有趣的地方。奖项和你名字后面的头衔并不能让你变得更聪明,也不能保证你会取得更多成就。我认为,有问题才会让你变得聪明,而好奇心才是我们未被充分利用的超能力。

当我在法学院的时候,我意识到了这一点。我拿到那个学位的成绩很差,不仅仅是因为我的分数不高,也不仅仅是因为我的一个教授以诽谤罪起诉了我。暑假在一家律师事务所工作时,我意识到在法学院学到的东西与成为一名律师的意义并不相关。我所学的实用知识已经过时了。细枝末节往往毫无用处,基础知识也毫无帮助。就在那时,我的整个观点发生了转变。我意识到法学院就像一场游戏,我需要弄清楚如何玩这场游戏,才能得到我想要的结果,并学会像律师一样提问。当你询问一个游戏是怎么玩的,并试图弄清楚其背后的动态和整体格局时,你就是在保持好奇心。

我想保持好奇心,把好奇心看作一个过程,就像阿希什看待现代成就一样。

马歇尔说,要投资于你作为高效能人士的声誉。拥有一个因能够洞察问题的核心而闻名的声誉,而不是通过证明自己知道多少、发表观点和提出想法来获得认可,这又如何呢?我们中有太多人想通过努力工作,试图证明自己很聪明,并解决那些无关紧要的问题。我们被忙碌和紧迫感诱惑,认为我们面临的第一个挑战就是真正的挑战。在一个组织中(不仅仅是作为一名领导者),你所能拥有的最佳声誉之一,就是对真正的挑战充满好奇,并且拥抱好奇,而不是采取行动、提供意见和建议。这是一种多么强有力的表现方式啊!

但好奇心的终极力量并不仅仅体现在工作中。好奇心实际上是与和你一起工作的人建立联系。人们把文化和战略看作一个成功组织的双 DNA

链。那么，你该如何创造一种优秀的文化并执行一项伟大的战略呢？让合适的人做精彩的工作。在指导和与他人合作时保持好奇，这会让他们有机会展示自己，表达自己的想法，并得到认可，让他们有机会展示自己作为人类的既光鲜又邋遢的一面。如果你建立了这样的声誉，你就为他们提供了一个安全的环境，可以鼓励、推动和挑战他们。你能激发出他们最好的一面，靠的就是让他们把最好的一面展现出来。

> 那么，如何开启好奇心呢？首先，把你在教育和职业生涯早期所做的一切都看作一系列实验，帮助你弄清事情的来龙去脉。然后，通过提问"我是谁"来激发你的好奇心，这个问题要放在你目前所处的位置以及你未来想要去的方向的背景下思考。
>
> 对你现在的工作保持好奇心。我的角色是什么？它的重要性是什么？
>
> 对公司的运作方式保持好奇心。权力存在于何处？工作是如何完成的？最有趣的事情发生在哪里？
>
> 对自己充满好奇心：我是如何表现自己的？别人是怎么看我的？我是在"畏缩不前"还是在勇于承担风险并愿意接受不适？我的优势和劣势是什么？我从这些洞察中得到了什么启发？

从学校进入职场是一种"重启"。当你取得更多成就时，你认为你知道的所有东西往往是有限的或不准确的。利用这段时间去保持好奇心吧！记住，你不知道的东西往往不会要了你的命。通常是那些你确信无疑的事情，结果却被证明是假的。

迈克尔·邦吉·斯坦尼尔（简称 MBS）最著名的著作是《关键 7 问：带出敢打硬仗、能打胜仗的热血团队》（*The Coaching Habit*），这是 21 世纪关于教练的畅销书。他的书已经售出了近 200 万册，其中一本书与赛斯·高汀（Seth Godin）合作，为"告别疟疾基金会"筹集了 40 万美元。MBS 的培训公司"蜡笔盒"（Box of Crayons）已经向世界各地数十万人传授了教练技能。他是一名演讲家、播客主理人，还是罗德奖学金获得者。他获得了 Thinkers 50 颁发的"2023 年教练与指导杰出成就奖"。

马歇尔讲堂：投资于你的声誉

我花了一段时间才弄明白为什么我们这么多人忽视了自己的声誉。并不是我们不在乎，而是我们往往更看重自己被视为聪明的需求，而不是被世界视为有效的需求。正如阿希什所说，我们需要理解后者的投资回报。

证明自己有多聪明的需求，从最早的学生时代就被灌输给我们，那时我们被打分、被排名、被标上了钟形曲线。到了高中、大学及以后，这种需求就更加根深蒂固了，因为聪明与否与我们上什么大学、找什么工作息息相关。然后，我们将这种竞争延续到工作场所，我们希望老板和同事欣赏我们的聪明才智，并以表扬、晋升和薪水的形式发给我们漂亮的"成绩单"。

但是，想要成为全场最聪明的人，可能会导致令人难以置信的愚蠢行为。这会导致愚蠢的争论，我们会为了证明"自己是对的而别人是错的"而争吵。这也是我们觉得有必要告诉与我们分享宝贵信息的人我们"早就知道"的原因。这也是我们拼命为已经过时的观点或决定辩护的原因。这也是上司总是忍不住改进下属想法的原因，他们会说："这很好，但如果你……就更好了。"这也是我们中很多人不善于倾听的最大原因之一：我们太想把自己表现得很聪明，以至于我们认为自己不需要倾听别人的要言；我们足够聪明，可以不听取别人的意见，但仍然能取得成功。

那些愿意为了更有价值的高效感（比如，按时交付任务、激发他人的最佳潜能、找到解决问题最简单的途径）而牺牲短暂的"聪明感"的人，不会经常屈服于那种愚蠢的行为。

别误会我的意思。正如阿希什没有贬低将教育视为一种投资的重要性一样，我也没有贬低聪明的重要性。我只是建议在聪明和高效之间取得平衡。例如，假设你正在为你的公司开发一种产品，并面临着一种选择：你是做一些聪明的事情，还是做一些实际的事情？你可以通过提出一个令人眼花缭乱的解决方案来展现你的聪明才智，但这个方案会因为成本和生产困难，或者仅仅因为还没有人理解其价值而被公司拒绝。或者，你可以提供一种解决方案，这种方案可以将你所能做的做到极致，并且可以被公司接受并投入生产。你是想成为一个制造优雅物品却从未成功出品的人，还是想成为一个能提供切实可行的解决方案，而且总能"送货上门"的人？这个问题没有正确答案。有些人不会为了更有效率而牺牲自己的才能或原则，但有些人会向现实妥协。

我想建议的是，你不应该把这些决定看作是一种妥协。这暗示了一个不真实的选择，一种不符合你信仰和目标的选择。相反，我想假设，如果你对自己想要建立的声誉有一个更清晰的概念，就更容易理解和做出这样的选择。

我非常清楚我希望自己的声誉是什么样的：我希望人们认为我是一个能够非常有效地帮助成功的领导者实现积极、持久的行为改变的人。我可不想在自己的领域仅仅是不错而已。我想成为最厉害的那拨人之一。而要被看作最厉害的那个，我可没有太多犯错的机会。在一定程度上，由于这个声誉目标，我职业生涯中的许多决定可以归结为：它会让我看起来更聪明，还是让我变得更高效？我总是选"高效"。我并不想被认为是那个拥有关于帮助人们改变的最先进理论的"最聪明的人"。我想成为一个能有效帮助别人改变的人。

下一次，当你面临职业抉择时，请记住"聪明"与"有效"的区别，记住选择后者会如何巩固前者。阿希什说，我们很多人在做决定时都没有考虑到长期的声誉影响，就像我们看待所有学习的方式一样：高估了展示自己有多聪明的短期需求。你要明白，问自己"我够聪明吗"这样的问题，会让你看不到"这种选择会增加还是减少我的长期声誉"这个问题的价值。

第 14 课
按顺序执行任务，拒绝多任务处理

我刚刚完成研究生学业，开始在华盛顿特区的世界银行工作时，多伦多大学就向我发出了一个教师职位的邀请函。但时机和安排方面都不太合适，因为我当时正在世界银行工作，可我的内心很想去多伦多大学任教：我在多伦多长大，有机会在多伦多最好的大学之一给学生上课，对我来说很有吸引力。我也非常想向学生们传授我最近在牛津大学的研究成果。世界银行和多伦多大学同意了我的请求，但条件是我必须保留在世界银行的工作，以兼职教授而不是全职教授的身份去高校授课。

我最初的计划是每周四从华盛顿特区飞往多伦多，然后打车去大学，那里离机场有一个小时的路程。租车会更便宜、更快捷，但我没有驾照！我从来都不需要驾照。在多伦多长大时坐地铁，后来无论我在哪里工作或上学，都使用公共交通工具。新的需求驱使我有了一个更好的新计划：我将预定一个驾驶培训课程，让教练在多伦多郊外的皮尔逊机场接我，然后我在去大学的路上参加驾驶培训课，而不是打车或租车。我每周四都要这样做，直到我完成学时，通过驾照考试，并在学期结束前拿到驾照。

在华盛顿特区生活期间，我一边考取驾照，一边教授课程，这就是按部就班地完成任务，而不是多任务处理的一个好例子。每项任务都有自己的时间和地点。当我在世界银行工作时，我并没有专注于驾驶课程或教学任务；而周四晚上在多伦多时，我的注意力完全不在银行的工作上。

正如我们在开篇中所学到的那样，成就的经典定义是指，在职业生涯的大部分时间里，在一件事情上精益求精。而在现代成就中，这是不正确的，甚至是不可能的。在你们的成就之旅中，许多人会建立多元化的职业组合，利用自己的技能从多个角色中构建自己的职业生涯。即使你只是在一家企业工作,每天也需要处理许多相互竞争的需求和优先事项,这正是你需要培养按顺序分配任务的能力的原因。

简而言之,如果你想成为一个高效的、成就导向型的现代人,你就必须做很多事情。**顺序化任务处理方式对你的大脑有利,可以在不分心的情况下获取价值和提高效率,帮助你把事情做好。**

多任务处理方式对你的大脑不利。每次你在不同的任务之间转移注意力时,你就会耗尽你的神经资源,失去注意力。事实上,研究表明,在注意力被转移后,你几乎需要30分钟的时间才能完全重新集中注意力。这不仅会降低你的创造力和想象力,还会降低你的工作质量,或降低你对所关注的事物或人的喜爱程度。因此,多任务处理不仅会破坏有价值、有意义的工作,还会破坏有价值、有意义的人际关系。顺序化任务处理方式可以让每项任务和每个人都有自己的时间和精力。这就是为什么当人们说我不擅长多任务处理时,我会把它当作一种恭维。因为一心多用会让你的成就付之一炬。

然而,社交媒体的诱惑、随处可见的屏幕、要求我们花时间的人和相互竞争的任务,都让我们认为必须尝试多任务处理,这就让我们无意中落入了多任务处理的陷阱。因此,我们的注意力比以往任何时候都更容易被转移:从2004年到今天,每个人的注意力的平均持续时间从150秒缩短到了45秒左右。因此,在你成功地按顺序执行任务之前,你需要排除干扰和其他行动障碍,这些壁垒和障碍会让你转移注意力,也阻碍你取得成就。

为了节约时间和集中注意力,你会选择停止哪种简单的行为习惯呢?也许是从你的手机中删除某款游戏,或者像我的儿子亚历山大那样删除 TikTok 等应用程序,集中精力去实现他的一个新年决心(见第3课)。也许你需要休息一下才能开始工作。打个盹,或者看看窗外。当你感到无聊时,你会激活大脑的某个区域,释放出不同的创造性思维。例如,当你洗澡、走路上班或只是洗碗时,你就会开始集中精力,进行更深入的思考。

顺序化任务处理方式对你的大脑有利，可以在不分心的情况下获取价值和提高效率，帮助你把事情做好。

如果我在完成博士论文时没有把顺序化思维课程学到极致,那我永远也不可能在多伦多大学教授这门课程。我曾雄心勃勃地计划用三年时间在牛津大学完成博士学位,但划船、学生社团、派对以及与英国朋友的其他娱乐活动的诱惑,让我在头两年就落后于计划。为了消除这些愉快的干扰因素,面对大三的写作承诺,我搬回了加拿大。我遇到了多伦多大学的一位正在休假的教授,他把他的办公室借给我使用了六个月,让我专心撰写论文。我每天在他的办公室工作到凌晨3点,然后摸黑走到我租住的公寓,一直睡到中午。在六个月内,这种专注的生活方式帮助我心无旁骛地完成了论文。没有划船,没有聚会,没有学生社团。

我们都有需要完成的任务。所以在开始之前,请参考第3课,在一张索引卡上写下你明天要完成的三个任务。不管是个人任务还是职业任务,也不管是大任务还是小任务,只要它们对你很重要就行。第二天随身携带这张卡,直到完成卡上的所有任务。然后,重复这个过程。我猜想,你不仅会明白什么和谁对你最重要,还会弄清楚是什么阻碍了你将其优先处理。

在大多数情况下,就像这些关于现代成就的课程一样,阻碍你前进的因素就是你自己。关键是要面对任何困难,在小问题或小任务变成大问题之前消除干扰。不要再因为认为自己做不到、做不好或可能会失败而一拖再拖。你可能讨厌去面对坏消息、回复邮件、打电话或参加会议,但面对必须按顺序完成的事情,只要你集中精力并下定决心,就能培养你把事情一件件做好的能力。

教练之角

惠特尼·约翰逊
"专注力"

像许多成功人士一样,我也在与焦虑做斗争。对我来说,当我的大脑在我正在做的和想要做的事情上徘徊时,这种焦虑感最为强烈。我需要做这个和这个……哦，我必须做那个和……他们需要我做这个……还有……有一天，当我的焦虑压得我喘不过气来的时候，我听到一个我非常信任的声音，那是上帝在对我说："先做好一件事，然后再去做下一件事。"我需要听到这样的建议，并学会如何集中精力。只有这样，我才能学会从情感上管理我需要做的事情，缓解我的焦虑情绪，并卓有成效地向前迈进。

惠特尼·约翰逊

刚开始的时候，我不需要听到这些教诲，分心的事情比较少。没有电子邮件，没有社交媒体助长我对错过、被冷落、做得不够好的恐惧，也不会因为被那些成功画面轰炸而动不动就觉得自己失败了。20世纪80年代，我曾为我所在的教会去乌拉圭传教，除了圣诞节和母亲节，其他时间我只能通过信件与家人沟通。而如今，我们几乎可以随时随地给任何人发信息，我有时会渴望再次体验那种无法沟通的感觉。

我确实记得，当我后来拿到音乐学位毕业时有些焦虑，不知道如何在职场中游刃有余，更不用说在华尔街混个名头了。我还记得，当时我意识到，作为一名女性，我的处境会有所不同。在我读到卡罗尔·吉利根（Carol Gilligan）的《不同的声音》（*In a different Voice*）和萨莉·海格森（Sally Helgesen）的《女性优势》（*The Female Advantage*）之前，我得到的所有建议都是针对男性且由男性提出的。

瞧，我又扯远了。我今天的焦虑发生在我后来的成就故事中。

你的旅程也许才刚刚开始，但我听到的这句话可以在你职业生涯的任何阶段为你服务，无论你信不信上帝："先做好一件事，然后再去做下一件事。"训练自己的专注力，从现在开始练习，并坚持下去。一开始，我在手机上设置了15分钟的计时器，专注于一项任务。这帮助我领会了专注的感觉，并确定了哪些事情分散了我的注意力，让我无法专注，哪怕是

15分钟。

我也会专注于优先级排序：我决定什么是我的首要任务，做好那一件事，然后再去做下一件事。我变得更有效率，我的焦虑感也消失了。我获得成就的成本更低了。我的生活又重新属于我自己了，我的人生道路变得豁然开朗。这是一个意想不到但却令人高兴的结果。

我们的颠覆性顾问公司（Disruption Advisors）开发了一款名为"学习的S形曲线"的简单的可视化工具，它是帮助我集中注意力的部分原因。"学习的S形曲线"描绘了学习的增长过程是什么样子和有什么感觉，显示了学习在"启动点"（即曲线的起点）是多么缓慢而费力。但是，在掌握了新技能和克服了挫折之后，我就会加快速度，到达我的"甜蜜地带"，也就是最容易集中注意力的地方。在进入"精通"阶段之前，我一直处于"甜蜜地带"，学习的S形曲线会逐渐变平，因为已经没有什么可学的东西了（见图4）。

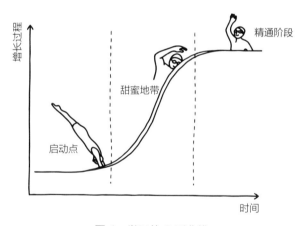

图4　学习的S形曲线

为了帮助我集中注意力，我参加了瑜伽课和冥想课。我正在做积极的智力训练，在这个训练中，我专注于如何利用我的身体活在当下，完成我正在做的事情。我还在使用一款名为"我在连胜"（I Am Streaking）的应用程序，这是对马歇尔"每日一问"（见第3课）的一种创新，在这个应用程序中，我正在学习每天坚持做一些事情（例如，吃一些水果或做一些运动）或我想保持的一些行为（例如，我感觉自己今天吃对了东西，或者我想在晚上8点前完成工作）。我会根据连续做这些事情的天数获得"连胜"。这有助于我设定目标，明确什么对我来说是重要的，比如，写我的下一本书，或者成为我想成为的人。如果我表现得就像我想成为的那个人，我想做的事情就会如愿发生。

虽然我不能说是什么导致了你的焦虑，也不能说什么工具可以最有效地帮助你集中注意力，但我知道，不专注的行为只会加剧你的焦虑，阻碍你成为你想成为的那个人。然而，即使我已经学会了专注，我也需要随着新机会的出现和优先事项的变化而灵活应对。当你刚刚起步，还不知道自己"为什么"要做某件事，不知道自己所做的事情是否重要，是否会有人关心，也不知道自己"来到人间一趟"的目的是什么时，就更难理解自己的优先事项了。你的优先事项应该随着你的成长、环境的变化、经验的积累和领导能力的提升而变化和发展。优先事项不是一成不变的：今年、明年、本月、本周、今天，你想完成的事情是什么？

但要开始行动，请先思考这个问题：对你来说，目前什么才是有意义的？

惠特尼·约翰逊（Whitney Johnson）曾是华尔街屡获殊荣的股票分析师，她与哈佛大学传奇人物克莱顿·克里斯坦森（Clayton Christensen）共同创立了颠覆性创新基金（Disruptive Innovation Fund）。如今，她是颠覆性顾问公司（thedisruptionadvisors.com）的CEO，致力于激发员工、领导者及其团队的参与度和成长历程。惠特尼也是《华尔街日报》（The Wall Street Journal）畅销书《精明增长：如何通过让你的员工成长来发展你的企业》（Smart Growth: How to Grow Your People to Grow Your Company）的作者，并主持广受欢迎的《颠覆式成长》（Disrupt Yourself）播客节目。

马歇尔讲堂：算了吧，随它去吧

研究表明，成功人士对自我决定权有着强烈的需求，这意味着他们做他们所做的事情是因为他们选择这样做，而不是因为他们不得不这样做。当你做自己选择做的事情时，你就会积极主动地致力于为自己和他人取得更多成就。你会专注于在所做的每一件事中做出更大的贡献，从而获得更多的成就感和成功感。做自己必须做的事的人是顺从型人格。他们用时间换金钱，在生活的大多数方面都遵从交易性。

当然，自我决定权对成功的影响不仅仅是用金钱来衡量的。当你还是个学生的时候，你能分辨出那些因为喜欢教书而教书和那些只因需要在月底领取支票而教书的教师之间的区别吗？执着于承诺的人拥有一种发自内心的动力。他们在困难的时候不会放弃。他们在工作和人际关系上都更加努力。

问题是，虽然你的个人承诺通常会带来更多的成功，但它们也会让你极难改变。你越是执着于一个策略，你就越难意识到这是一个错误的策略。你一定听过这句话："赢家永不放弃！"好吧，可有时候，你不得不放弃、辞职、离开、停止某些行为。

我曾与四位需要离开公司的 CEO 共事。在这四个案例中，我都建议他们"离开，现在就离开。一切都结束了。不要让自己和公司蒙羞。带着尊严离开吧"。这四次我都失败了。这四个人都是被公司辞退的。其中两人最终登上了国家级杂志，让自己和公司都丢尽了脸面。

这几位 CEO 并不是唯一容易受到这种行为影响的人。也许你试图改变父母、重要的另一半、同事或朋友的想法，但他们对改变不感兴趣。通常，这会导致大量时间和精力的浪费，而且几乎没有任何结果，因为对方是成功人士，并不认为有必要改变自己。

我的母亲是一位出色的一年级老师。在她的心目中，整个世界都是一年级学生的天下。我一直都是一年级学生。我爸爸也一直在上一年级。我们所有的亲戚都在上一年级。有一天，爸爸 80 岁了，妈妈还在纠正他的语法错误。他深情地看着她，微笑着，用颤抖的声音说："亲爱的，我 80 岁了。

算了吧!"

当你思考需要放弃哪些行为、干扰因素和任务来专注于你需要完成的事情时,回顾一下第2课中的"延伸阅读经典范例",问问你可能需要放弃哪些人。

我们的生命中有多少时间被浪费在试图改变那些无心改变的人的行为上?我们的投资回报是什么?你可以这样想:我们浪费在那些无心改变的人身上的时间,就是从那些有心改变的人身上偷走的时间。我猜你没有多少时间可以浪费。今天是你一生中最忙的一天。所以,你的时间只能投资在你能得到回报的地方。

不要把你的时间浪费在一条没有出路的路上。要把时间花在那些每天都在为成为更好的自己而努力的人身上,即使这需要彻底的改变也无妨,因为他们会帮助你做同样的事情,让你过上更成功、更快乐的生活。

第 15 课
拥抱混乱，欣然接受烂摊子

当我为我的第一家公司"圈子贷"融资时，我用挂在佛蒙特州蒙彼利埃市国会山广场咖啡馆（Capitol Grounds Cafe）墙上的公用电话向亚马逊的杰夫·贝佐斯（Jeff Bezos）推销自己。这原本并不是我的计划。

在与杰夫投资团队的一位成员进行了三次会面后，我终于与杰夫本人安排了一次通话。结果，在同一天，我被邀请向佛蒙特州的另一组投资者进行推介。我确信在该州首府会有手机信号，这样我就可以继续和杰夫进行电话会议了。但我失算了。于是，我坐在咖啡馆的老式付费电话旁，把笔记本电脑放在上面，滚动着我的幻灯片，为世界上最富有的人之一做了20分钟的演讲，声音大得足以让每个人在喝拿铁的时候都能听得津津有味。尽管如此，杰夫还是很喜欢我的演讲，并表示希望下周在西雅图的亚马逊总部与我会面。

当时，亚马逊的总部设在一家旧医院里，在我们坐下来谈判之前，杰夫带我参观了一下。他喜欢医院改建后的宽敞走廊，亚马逊的领导和员工可以在这里举行临时会议。他相信，真正的工作都是在这里完成的。当我们的话题转到圈子贷时，他在不到5分钟的时间里就理解了这个商业模式，然后就把话题转到了我本人身上。这与我的预期大相径庭。

在一个多小时的时间里，杰夫询问了我的生活：我六岁时随家人从印度移民到加拿大，在多伦多长大，在美国上大学，在英国攻读博士学位，然后回到美国工作。他从我的故事中了解到我是如何追求和利用机会的，以及我是否有足够的道德、毅力和进取心来管理他的投资并取得成功。

会议结束时，杰夫决定投资40万美元，这是当时我从天使投资人那里得到的最大一笔投资。当圈子贷被维珍集团（Virgin Group）收购时，他从这笔投资中获得了巨大的回报。维珍集团的创始人理查德·布兰森爵士（Sir Richard Branson）是世界上最著名的亿万富翁之一，他用我的小公司的股票向未来的世界首富杰夫·贝佐斯支付了高额的回报！那天在西雅图，我的投资也获得了丰厚的回报。

这种回报的衡量标准不是时间或金钱，而是接受现代成就的混乱局面。在现代成就中，成功是一个过程，而不是一个终点。

我们的生活总是在变化中，如果事情可以按照预定的剧本发展，我们就很幸运了，但环境在变化，各种障碍迫使我们去改变和适应。你越是表现出坚韧不拔的精神，越是乐意去拥抱混乱和不完美的时刻，越是明白每一步都是值得发扬和学习的，那你就越能做好准备，并满怀信心地向前迈进。

我之所以能在杰夫·贝佐斯的帮助下取得成功，很大程度上是因为我在提出投资建议后，已经被至少75个个人和组织拒绝过。我并不认为这75次拒绝是失败。失败是指某件事情的结果虽然不尽如人意，但我们却没有从中吸取教训。如果你从中吸取教训，那么，"被拒绝"只是你成就过程和故事中的"一次混乱"而已。我欣然接受了这个烂摊子，并重新定义了这些被拒绝的经历和所有当下出错的事情，而这些东西将导致未来的事情在不断的改进和完善中走向正确。经验越丰富，应对失败和挫折就越容易。在向未来的世界首富推销自己的时候，尽管我遇到了州首府没有手机信号的窘境，我也想尽办法挺了过来。

这就是乐观主义，它让你有信心在一团糟的生活中继续前进。

注意，我说的是信心，而不是确定的把握。无论你多么相信自己所走的路，每个人的未来都无法未卜先知。但是，在一个你可能会有7种职业和20份工作的世界里，任何长期目标的设定都是信念的飞跃，这一点比以往任何时候都更加重要。任何宣称有确定把握的人都没有准备好重新定位自己，也不太愿意应对收获和挫折。他们很难在自己迈出的每一步中寻找灵感，也难以为成功和未来创造机会。

事实上，这整堂课都在检验我灵活应变和拥抱混乱的能力。

这一课原来的标题颇具煽动性，叫"敢作敢为"。称某人"敢作敢为"，通常意味着此人具有破坏性、大声喧哗、不友好且不乐于助人的特点。但杰夫·贝佐斯不是这个意思，我也不这么认为。当杰夫想知道我在管理他的投资时是否足够"敢作敢为"，他在寻找一个雄心勃勃、坚定果断、无畏大胆、精力充沛、胜券在握的人，这个人要对自己充满信心，就像他所推销的任何东西一样。因为对他来说，我所推销的就是我自己。最优秀的JA学生在某种程度上都明白这一点。当他们向评委推介自己的企业时，那些自信满满、展现实力（他们说"我要让这一切成为现实，至于原因，有据可循"）并以讨人喜欢的方式进行推介的人，必然比那些小心翼翼、瞻前顾后的人更有说服力。我参加过世界各地的几十场学生创业比赛，我想说，雄心和自信会得到回报，尤其是在与诚实和善良保持平衡的情况下，这是放之四海而皆准的真理。

但是，当我与朱莉·卡里尔（Julie Carrier）交谈，请她为"敢作敢为"这一课补充她的意见和经验时，她承认这堂课的重要性，但也看到了我所说的更重要的东西，不仅仅是我举的例子，还有我的整个人生历程。

根据杂志《全球领先教练》（*Leading Global Coaches*）的排名，朱莉是世界排名第一的年轻女教练。她努力弥合女孩在学业上的成功和她们在工作中缺乏领导地位之间的差距。研究表明，女孩在青春期会出现领导力和自信心方面的差距，为了帮助她们缩小这种差距，她创建了"领导力课程"，该课程为高中女生提供了以实证为基础的领导力培养和辅导，帮助她们发展在课堂外取得成功所需的领导力技能，包括韧性、自信心和团队合作。

朱莉从我和她的成就故事出发，重新构思和编排了整堂课。她让我更深刻地认识到，我所谓的"敢作敢为"可以被视为一种毅力、韧性和对自己的信念，可以驾驭、突破和拥抱成就之旅中遭遇的"混乱中场"。要认识到，成功不仅仅关乎目标，它还关乎我们如何学习、成长，如何以最好的自己示人，如何在途中遭遇不可避免的意外挫折时挺身而出。比起"做事"，成功更像是一个"做人"的过程，我们在混乱中成为什么样的人，最终影响的不仅仅是目标的实现，更是我们整个人生的轨迹。

"当我年轻的时候，我以为一旦我终于'实现目标'，我就会很高兴，会把自己看作一个成功者，"朱莉告诉我，"但我错了。我努力工作，奋力拼搏，克服了重重困难，终于在27岁时实现了我的每一个主要目标：在五角大楼教授"领导力课程"，拥有自己的公司，作为领导力演讲者周游世界，马不停蹄地为成千上万名年轻人演讲，写一本畅销书。当我在最后一个选项上打勾时，我崩溃了，我并没有突然感到完全的快乐和满足。长久以来，我一直觉得自己'不如别人'——把自己的价值建立在外在的事物和取得的成就上，以致我无法感受到快乐和满足的感觉，因为我没有在前进的道路上实践它们。我还没有学会把生活看作一场漫长的成长之旅，也不曾珍惜和欣赏'成功'道路上的'混乱中场'。"

朱莉所理解的与我们所说的现代成就过程完全一致：真正的成功意味着培养一套技能，以欣赏成就之旅的所有部分，包括成功和沿途中不可避免的混乱。

朱莉说："混乱最终会成为成功过程的一部分，而拥抱一场又一场的混乱则需要前所未有的毅力。我看到年轻人不断地将自己与社交媒体上完美如画的成功集锦进行比较，这让他们觉得自己不如意，落在后面了，或者想要放弃自己的梦想。他们没有拥抱混乱，他们误以为，如果他们还没有得到所有的答案，或者，如果这段旅程是艰难的或'混乱的'，那就意味着他们应该放弃，或从一开始就不要开始。真正的成就意味着拥抱混乱，认识到不确定性、错误、困惑、挫折和经验教训并不是路障，而是实现目标的垫脚石，更重要的是，你要在这一路上学会如何成为最好的自己。"

我希望朱莉的话和她接下来的故事对你有同样的力量，就像它们对我一样。她不仅帮助我重新定义了这一课，还让我看到我是如何接受混乱并克服无数障碍的，而这正是我创业领导故事的一部分。当我无法负担圈子贷原型开发的费用时，我接受了这个混乱局面，与我当时的雇主，即全球咨询巨头摩立特集团达成了一项协议，我把一半的时间花在公司的工作上，一半的时间用于开发原型，以换取公司的股权。在2000年的科技危机中，被那些因消费类互联网企业而遭受损失的投资者拒绝足够多次后，我不得不通过寻找不需要薪水的员工来解决我企业的融资难题。这种欣然接受混乱局面的态度让我认识了马恺文（Jeff Ma），他是一名数学天才，能够用"21点算牌法"横扫世界各地的赌场，是《爱到房倒屋塌》（*Bringing Down the House*）和《决胜21点》（*Movie 21*）这两部电影主角的灵感源泉，他同意成为我的第一个员工，尽管我们当时除了一个创意之外什么都没有。如果没有马恺文的技术技能和一心为股权而工作的意愿，公司的第一款测试版产品根本不可能问世。

在2008年金融危机之后的几年里，我也学会了拥抱混乱。如在经历了维珍集团收购圈子贷之后，我决定离开美国去英国收购一家银行；后在担任Covestor公司CEO期间，又经历了动荡的股市；在新冠疫情期间JA需要削减成本的同时推动数字化转型，以便在学校停课时为年轻人提供服务。

我喜欢并经常引用温斯顿·丘吉尔（Winston Churchill）和亚伯拉罕·林肯（Abraham Lincoln）说过的一句自勉名言：成功就是从一个失败走向另一个失败，而不减当初的热情。但我现在从这一课中认识到，最好换一种说法：**生活就是从一场混乱走向另一场混乱，而不减当初的信心。**

教 练 之 角

朱莉·卡里尔
"你的混乱也能变成你的成功"

当人们看到我在台上向上千人发表演讲时，很多人认为自信是我与生俱来的特质。他们误以为，一个人要么是"自信的人"，要么是"不自信的人"。但是，就像大多数技能一样，自信也是我必须学习的技能！我高中时患有生长障碍，感觉超级尴尬，焦虑得要命。我有一个创造性的情绪出口，那就是艺术，我喜欢制作聚合物黏土珠。我的

朱莉·卡里尔

生活就是从一场混乱走向另一场混乱，而不减当初的信心。

父母认为，这些珠子的工艺上乘，如果我想卖珠子的话，足够卖个好价钱了。我要做一个卖艺术品的商人吗？不！但我的父母一直鼓励我去推销自己的艺术品。终于有一天，我走进当地一家商店，请他们买我的珠子。前台的女服务员笑着拍拍我的头，说我很可爱。然后她告诉我，他们只向已成年的"真正的"艺术家购买艺术品。

我对必须达到一定年龄才能成为"真正的"艺术家的这种观念感到沮丧，但我克服了内心的紧张和焦虑，做了更多的珠子，把它们放在一个漂亮的展示盒里，然后又去了那家商店。那个女服务员又笑了，说店主是不会感兴趣的。但我已下定决心。我让妈妈帮我把一套西装改小，以适应我非常瘦小的身材。然后，我又去了那家商店，说出了我事先排练好的那段话："嗨，我是朱莉。我是一名珠饰艺术家，我想把我制作的珠饰放在你的店里销售。"这一次，前台的女人回去找了店主，女店主让我到后台去。她打开展示盒，惊喜极了，买下了所有的珠子。给了我 64.75 美元！

我的创业精神让我满怀信心地进入了大学，但很快我就不知道该学什么专业了，更不用说毕业后想做什么了。政治学、动物科学、传播学……我先后换了五次专业，以至于我的父母怀疑我是否可以成为一名"专业"学生。到了第三年，连学校都开始怀疑我究竟在做什么了。我的生活一团糟，我自己也成了一个烂摊子！

大学四年级时，我获得了扶轮社大使奖学金，有机会去英国留学，在那里我对自己进行了终极拷问：**我热爱的工作是什么，以至于我愿意免费去做，但也有可能获得报酬？** 在回顾我生命中最美好、最充实的时光时，我意识到自己热爱的工作就是当领导。回到学校后，在四位出色的教授的支持下，我向学校提出申请，要求开设自己的领导力研究专业。我们精心设计了一套令人惊叹的课程体系，它融合了我以前的课程、新开设的课程，以及我对前沿领导力研究的独立学习——这些内容在普通课程中是无法获取的。

我在大学获得了有史以来第一个领导力研究学位，还没毕业就得到了华盛顿一家专业领导力咨询公司的工作机会。公司总裁在正式任命我之前,带我去见了她最新的客户。当我们把车停在停车场时,我才意识到我们在哪里:五角大楼。

我吓坏了。**我算什么,一个二十岁出头的、刚从大学毕业的学生,居然能在五角大楼做领导力发展工作?** 我的自信消失了。然后,我想起了父亲的话,这句话给了我所需要的勇气:"关键不在于你有多大,而在于你如何服务。"他们当场就聘请我担任领导力发展高级管理顾问,我是团队中最年轻的成员,同时还负责管理一个团队,其中一些人的年龄几乎是我的两倍。

这是我第一次明白,自信是一种通过练习勇气而习得的技能。年轻人认为,如果他们没有信心,就意味着他们还没有准备好去做更大的事情。但事实恰恰相反。你只需要练习勇气。勇气意味着你感受到了恐惧,但你选择了勇往直前。勇气是培养自信的源泉。

为了记住这一点,我创造了自己最喜欢的一句话故事:"**恐惧来敲门,勇气**去应门,可是门外没有人。然后,**成功姗姗来迟,自信**也随后驾到。"

这个故事必须按照这个顺序发生。

当我在五角大楼看到我们为高管提供的尖端领导力课程所取得的不可思议的成功和影响时,我一直在回想高中时那个腼腆的我。我在想,如果我把我在五角大楼做的那种基于证据的世界级领导力发展课程带给那些和我在高中时一样挣扎的年轻人(尤其是年轻女性),会发生什么?在这一愿景的激励下,我知道我的人生目标就是帮助培养年轻的领导者,让他们了解自己的内在力量和价值。我知道我可以通过担任青年领导力演讲者和顾问来做到这一点,因为我擅长将通常只针对成年人的世界级领导力发展最佳实践和辅导方法用于帮助女孩和年轻人。在经历了很多自我怀疑、担忧和对做出如此彻底的职业转变的恐惧之后,我终于辞去了在五角大楼的工作,开始创办自己的公司,为年轻人和年轻女性提供最佳实践领导力发展培训,这是我这辈子最快乐的一段日子!我知道自己正在践行自己的使命。

目标并不是一种职业。你不需要单独起草一份职业发展宣言。你的职业是你对自己的目标的一种表达,但你的核心目标比你从事的工作更广泛、更深刻。因此,当我说我的目标是帮助培养年轻的领导者,让他们认识到自己的力量和内在价值时，我的目标有多种不同的形式，而且在不断变化，从向大众演讲，到在杂货店与排队结账的年轻人交谈。在为比自己更伟大的事物服务的过程中展现出最好的自己，是克服这些障碍（包括内心缺乏自信）的强大方式。

从五角大楼辞职的那天，我离开了一份稳定、高薪的工作，开始了我的新事业。我很快花光了积蓄。我的最低谷是在沙发垫里翻找零钱，以便在华盛顿乘坐地铁去见一位潜在客户。但我接受了这一混乱局面，向同行寻求帮助，学习如何成为一名企业家和如何经营自己公司的新技能，渐渐地，我开始接到电话并在大型会议上发言。尽管这也挣不了几个钱，但到了第二年，我惊奇地发现自己的努力得到了回报，我赚的钱比我在五角大楼的工资还多。

我想你明白我的意思：在追求成就的过程中，总会遭遇一些混乱中场，有时出现在你跳槽之际，有时发生在你工作之中。如果你不轻言放弃，这些混乱可以是帮你成就更大事业的跳板。拥抱混乱是一种思维模式，在短期内并不总是奏效，但从长远来看，这种力量会不断累积，对我来说就是如此。

我今天想对二十多岁的自己说：你每天的表现就是在练习你未来想要表现的样子。你不能指望仅仅通过完成一项任务就改变自己的整个思维模式。拥抱混乱，拥抱成功，拥抱你一路走来所塑造的勇敢且了不起的自己！

朱莉·卡里尔（个人主页：topspeakerforgirls.com）是世界各地女孩和年轻女性领导力发展和自信培养方面值得信赖的权威，她正在领导一场运动，旨在赋能那些支持女孩成长的人，并鼓励女孩们相互赋能。她是"年轻女性领导力发展研究所"的创始人，屡获殊荣的演讲者，也是领导女子学校、大学和组织的顾问，还是畅销书《女孩领导》(*Girls Lead*)的作者。她因其开创性的工作而获得了Thinkers 50颁发的"2023理念实践奖"，该工作将基于证据的领导力发展和辅导引入高中生青年领导力培养课程。

马歇尔讲堂：想象力的缺失会让你裹足不前

我最喜欢阿希什和朱莉的故事，因为他们向大家展示了超越自我强加的信念和限制的力量，从而实现更大的目标，并创造你想要的未来。不幸的是，我们中有太多的人未能践行这一教诲，并饱受想象力缺失之苦。

我认识一位教练，他给客户的第一项任务就是让他们列出一份目标和梦想清单。他告诉我："我告诉他们要上天揽月、要有远大的梦想，而我得到的答案往往是他们想翻新浴室或多买一辆车。我告诉他们，这些都是不错的愿望，但不是真正的梦想或目标。它们不会改变你的人生。"

这位教练必须努力说服他的高成就客户，让他们相信自己的能力远远超过他们目前的想法。他允许他们发挥自己的想象力，让他们挑战自我，创造出一些伟大的东西，而不是一些平凡的东西。

我明白为什么这位教练的客户如此纠结。一方面，为你想要的生活想出两三个合理的愿望，也不至于太困惑。另一方面，有些人连一个梦想都想不出来，更不用说两三个了。

我曾经认为，缺乏想象力就是缺乏创造力，而我对创造力的定义是：将两个略有不同的想法融合在一起，创造出独一无二的东西，比如用龙虾配牛排，称之为"冲浪火鸡"。你把 A 和 B 相加，就得到了 C。一个成功的艺术家告诉我，我把标准定得太低了。创造力更像是把 A、F 和 L 拼凑成 Z，各部分之间的距离越远，需要的想象力就越多。

我们中只有极少数人具有 $A+F+L=Z$ 的创造力。我们中的一些人具有 $A+B=C$ 的创造力。但是，可悲的是，我们中的一些人甚至无法想象 A 和 B 同处一室的世界。要有创造力，就必须有好奇心。好奇心能激发我们的想象力，让我们从周围的混乱中想象出新的东西。

对我们大多数人来说，我们拥有（或曾经拥有）的第一个想象重新开始和寻求身份重启的机会就是（或曾经是）在申请大学的时候。这是一个全新的自我展示，可以帮你提高自己在这个世界上赢得一席之地的概率。正如普利策奖得主、《帝国瀑布》（*Empire Falls*）作者、小说家理查德·拉索

（Richard Russo）在书中所写的那样："毕竟，大学是我们重新塑造自己的地方，是我们与过去割断联系的地方，是我们成为自己一直想要成为的人、成为那些更了解我们的人所无法阻止我们成为的人的地方。"

事实上，我敢说，在我们申请和选择上哪所大学的时候，那是许多人第一次感觉到自己对自己的未来有了一些控制权。当然，这个过程可能在很大程度上被我们的家庭，以及可能存在的由职业指导顾问、考试机构和大学招生官组成的"垄断联盟"所严格塑造，但我们仍然在掌控全局。一旦我们做出了决定，我们就会权衡各种选择，即使这些选择是有限的。

大学申请故事的每一个细节都蕴含着一个重要的教训，让我们学会了坦然面对混乱：你如何看待混乱？你如何想象你的未来？你是否尝试了新的身份？你是否寻求了新的机会？你是否认真思考了你想要什么以及你要去哪里？

或者，你只是做了相当于翻新浴室的工作？

正如拉索建议的那样，你可以通过比较毕业时的自己与四年前入学的自己，来准确衡量你大学期间的成功与否。拥抱混乱是你把任何选择都看作撰写新剧本的机会。

如果你还没有拥抱混乱，现在是时候开始了。

随着生活的继续，许多人放弃了对广阔前景的感知。他们束缚了自己的想象力，因为他们认为自己的道路是既定的，或者他们已经积累了迫使他们采取某些行动的义务。他们失去了畅想远大梦想的自由。这种情况不必发生。你可以修正或改变航向。你可以活得更精彩、更充实。但你必须意识到什么对你来说是重要的。

每一天，每一秒，世界都在向你敞开，因为你总是在改变。当你意识到这一点时，你会有更广阔的思维，接受"生活本身就是一团糟"的现实，并加以充分利用。没有什么是一成不变的，这是好事。

职场进阶

第 16 课　将"或者"改成"并且"

第 17 课　不要让反馈阻碍你走向成功

第 18 课　学会在简单与复杂之间取得平衡

第 19 课　让他们想要更多

第 20 课　把别人的目标变成自己的目标

第 16 课
将"或者"改成"并且"

生活常常迫使我们在两件或两件以上的事情中做出选择：这件事或那件事（本书第 12 课可以帮助你在必须做决定的时候做出选择）。我们常常把事情变成"二选一"，而这样的选择根本就不是选择。在一个允许我们用多彩的笔墨书写成就故事的世界里，我们却不懂灵活变通，选择了非黑即白的二元选择。

我很容易受到这种局限性思维模式的影响。

我是把家庭放在首位，还是把工作放在首位？我是想赚钱，还是想产生社会影响？ 在我职业生涯初期，我经常问自己这样的问题，通过将两者对立起来进行思考，认为它们一定是互不相容的。后来，我学会了将"或者"改为"并且"：**我如何平衡人际关系并且在工作中取得优异成绩？我如何赚钱并且产生社会影响？** 我在脑海中改写问题，避免二元选择，这有助于激发我更多的创造力和获得更多的自由。这些"并且"赋予了我力量，为我打开了新的机遇之门。

在圈子贷的工作中，我热衷于创造一个新的全球产品类别，提供负担得起的信贷渠道，并将非正式的信贷交易带入主流信贷市场。我们是点对点借贷的先行者。但与此同时，我还担任了创始董事会主席，并帮助创建了信用建设者联盟（Credit Builders Alliance），这是一家非营利组织，它说服征信机构接受非营利小额贷款组织等非传统贷款机构的数据。这个新生的非营利组织帮助人们建立了一个强大的理念，即你的信用评分是一种"资产"，就像你的房屋、汽车或大学教育一样。同时做这两件事让我把两个组织的使命联系起来，包括我们如何说服征信机构接受点对点借贷的数据，并以一种易于传输的方式格式化贷款数据。

这些工作耗费了两个团队数月的心血,但对我的影响却更为深远,让我明确了自己的职业目标:我想发挥创造性的影响力,也想帮助和指导身边的人发挥创造力。我想分享我自己的想法,也想从那些与我一起工作的人那里获得最好的创意。我想成为一名优秀的领导者,并培养其他人成为伟大的领导者。我想建立一个非营利性企业,也想建立一个营利性企业。我想赚钱,也想产生社会影响。

最后一个"想"是我在塔夫茨大学弗莱彻学院教授创业课程时,许多学生提出的问题。弗莱彻学院吸引了许多聪明而有抱负的学生,他们有着双重底线的动机,并在如何赚钱和产生社会影响方面绞尽脑汁。我告诉他们,我们所使用的词语就是我们在做出选择之前所做的选择。记得随时使用"并且"这个词!

曾几何时,我们总是采用"或者"句型。我们限制自己说,我们不可能因为某个大公司、某个行业或某个人的身份和所做的事情而感到快乐或感到高尚。经济成功和道德指南不可兼得。我们错过了"并且"的机会,因为我们周围存在着一些假设,认为经济上的成功与做好人行善事之间是不相容的关系,但这是错误的假设。我们应该这样问:**我们为什么要做好事?我们应该怎样做个好人?**

这些都是古尔恰兰·达斯(Gurcharan Das)提出的问题。达斯是宝洁公司印度分公司的前总裁。他致力于理解我们如何在年轻时看到向善的可能性,以及当我们认为个人和公司的道德和伦理缺陷已经摧毁了生命并使世界更接近崩溃时,我们如何找到更充实的成就过程。

根据达斯所言,我们的思想和行为决定了我们的生活:行为正直,道德高尚,你的生活就会充满美德。我的父母从小就这样教导我。达斯指出,我们会面临一些难题,或者说伦理道德方面的困境和窘境。他认为,有时候,人们不知道对错。当然,也有知道对错却仍然做错事的时候。但也有一些时候,人们认为自己知道该怎么做,从而限制了自己的行动,使自己无法产生更大的影响。例如,假设你想在你的职业生涯中推广可持续能源。你是愿意为一家以化石燃料为主要业务来源、但正在缓慢转型以增加绿色能源业务的大型"棕色"能源公司工作,还是为一家专注于太阳能的小型创业公司工作?这个"或者"制造了一种虚假的选择,好像这两家公司代表着截然相反的真理。某些道德准则使这个问题复杂化:如果你在"棕色"公司工作的成果能够带来渐进的改变,使该公司变得更加环保,并且从长远来看,对可持续能源的影响比小型公司更大,那该怎么办呢?

回想一下第 11 课中的桑音·香,她讲述了重塑的力量。她在 7 岁时移民到美国,在她所处的文化中,要想让某件事有价值,就必须付出艰辛。在她的成就故事里,没有"并且"这一说。只是一份丢失的奖学金迫使她重新反思,并以她从未想象过的方式将自己的成就串联起来,最终使她能够利用自己的"软"技能将人与人之间、思想与思想之间连接起来,并打造一个充实的职业生涯。

在这个世界上,一切都允许你有"并且"的想法,从大学的双学位到副业,再到组合型职业,都是如此,所以不要限制自己。你要参加会议。你要考虑工作机会。你要倾听他人的每一个字,即使是伤人的话也没关系。

归根结底,指引我们选择的话语可以让我们豁然开朗,也可以让我们裹足不前。记住你有选择权,看到不同的道路可以让你具备灵活性,从而认识到成就并不是固定不变的,而是可以灵活调整和自由发挥的。当工作和生活如此全面地融入我们的生命时,我们必须充分考虑我们的选择和我们可能产生的影响。你可能会说,某个机会"与我的目标背道而驰"。也许吧。或者,这种想法是否只是一种合理化的借口,让我们不去探索各种可能性和机会,不去将它们重新定义成更大的事物?

教 练 之 角

阿米·巴纳德-巴恩
"善于聆听和传递坏消息"

我在《财富》50 强公司有 20 多年与高管共事的经验,也曾担任高管一职。当谈到传递坏消息时,我得出了这样一个结论:我们大多数人都对归根结底，指引我们选择的话语可以让我们豁然开朗，也可以让我们裹足不前。记住你有选择权，看到不同的道路可以让你具备灵活性，从而认识到成就并不是固定不变的，而是可以灵活调整和自由发挥的。

坏消息过敏。我们甚至不喜欢讨论如何传递坏消息。

那么，你怎样才能正确地传递坏消息呢？阿希什知道，这是创业项目或商学院很少教授的技能，所以，当他邀请我在弗莱彻大学给他的学生演讲时，我很兴奋。积极的人，尤其是企业家，希望看到事物光明的一面，而不愿意谈论存在的问题。但是，一味地回避坏消息会让小问题变成大问题。

阿米·巴纳德－巴恩

传递坏消息也不是要将坏消息重塑成好消息。我曾在全球《财富》50强公司担任首席人力资源官、首席合规官、律师，以及合规和调查系统的创建者。在12月份假期前后宣布大规模裁员之前，我不得不削减遣散费。把这样的坏消息说成好消息只会让事情变得更糟，让你失去信誉。

所以，在你的成就之旅中，还有两个"并且"：有好消息，并且有坏消息；你需要学会如何传递坏消息，并且倾听坏消息。这做起来比听起来难多了。

行为科学告诉我们，坏消息的传递者不仅会被视为不讨人喜欢、能力较差，而且还会被不公平地视为居心不良。事实上，当坏事发生时，坏消息的倾听者会下意识地认为坏消息的传递者正在幸灾乐祸。有公司聘请审计师、调查员、人力资源专员、律师等人员来阻止某个创意付诸实践，然后评估最佳实践，并指出风险。然而，他们常常因为履行职责而遭到怀疑、排斥甚至诽谤。真是太疯狂了。

你要以身作则，敢于直言，并创建一种"直言"文化。当你需要直言不讳时，请遵循以下传递坏消息的6个步骤（见图5）。

1. **让你的听众做好心理准备**：给听众提个醒！用"嘿，我真希望我能有更好的消息"来让听众对即将发生的事情做好心理准备。这可以减少你在讲话时可能产生的压力和困扰，并减少听众对你所分享信息的抵触情绪。

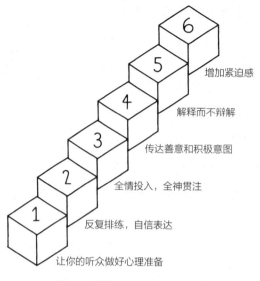

图 5　传递坏消息的 6 个步骤

2. **反复排练，自信表达**：做最好的自己，做好充分的准备。提前写下你的谈话要点，并在发言之前复习一下。练习可以提高可信度，减少压力。对着镜子，听听自己的声音，观察自己的肢体语言。

3. **全情投入，全神贯注**：直接与人实时交谈，并立即以同理心回应情感和社交暗示。不要躲在电子邮件后面。面对面是最好的，其次是视频会议和电话。然后，大家为了保障共同利益而团结起来。回顾一下你分享的内容，看看是否有需要修复的关系（尤其是如果你或你的团队是坏消息的源头）。

4. **传达善意和积极意图**：分享你的良好意图，加强你对个人和组织的承诺，支持他们并减轻对他们的任何影响，同时传达必要的下一步措施，这样可以抵消我们认为坏消息传递者不怀好意的偏见。

5. **解释而不辩解**：直截了当，避免找借口。抵制把坏消息重塑为正面消息的冲动。简单明了地陈述事实和发生的事情，避免指责他人。做好这一点，人们就会尊重你，觉得你公正合理，并把你（至少最终）视为值得信赖的顾问。

6. **增加紧迫感**：框定一下哪些是有效的事情、哪些是无效的事情，还有哪些是我们正在做的事情。给他们一个现在就行动的理由，并让他们明白为什么。

阿米·巴纳德-巴恩（个人主页：barnardbahn.com）是一名律师、高管教练和顾问，专门帮助领导者和组织做正确的事情。她在《财富》50强公司担任高管，与其他高管并肩作战，在法律、合规和人力资源方面拥有20多年的战略经验，致力于发展可持续的商业模式和健康的职场文化。她的著作《PI指南：如何利用晋升指数帮助你在职业生涯中平步青云》[The PI Guidebook: How the Promotability Index(R) Can Help You Get Ahead in Your Career]，揭示了如何晋升至高层及获得更高职位的秘诀，以及实现职业目标和个人满意度的必备条件。

马歇尔讲堂：驱动目标的关键词不是"或者"，而是"并且"

在你的职业生涯中，你会从事许多不同的工作。在这些工作中，你可能需要每天扮演几个不同的角色。这并不意味着你是个骗子；这就是专业人士。

想想我在《丰盈人生：活出你的极致》一书中介绍过的泰利·梁（Telly Leung）吧。泰利在百老汇的《阿拉丁》（Aladdin）中扮演了近两年的主角。每天晚上，他走上舞台，与公主坠入爱河。但那个公主不是他在台下要爱上的人。但从他的表演中，你绝对看不出来。他是怎么做到的？他告诉我，在他8岁的时候，他去百老汇看了一出戏，非常喜欢。每天晚上，他都会想起那个小男孩，想起那场演出对他的意义。他是一个专业演员！他需要为观众席上成千上万像他一样的孩子和他们的家人展现自己。这就是他作为演员的目的。

表演是泰利的目的，而不是他所扮演的角色。生活中最重要的是你有一个目标，你的成就与这个目标相关联，你在做你认为有意义的事情，并且热爱你所做的事情的过程。注意这句话里的"并且"。但也要注意另外两个词:"认为"和"过程"。正如阿希什所指出的,在追求目标的过程中,你越是心胸豁达,你的成就故事就越具潜力。

　　对我来说,"并且"与好奇心有关。不要仅仅因为你认为它不符合你的身份,也不会有意义,就将自己与可能的事物隔绝开来。你不知道自己到底会喜欢什么,也不知道在哪里能发挥最大的影响力。在职业生涯的起步阶段,你可以用不同的方式书写自己的故事。在没有尝试去追求的情况下拒绝某些人、某些地方或某些工作,是一种自我限制。得到工作机会后,请问自己三个问题:我是否将从事一项能让我取得更大成就的工作?这项工作对我是否有意义?我是否会喜欢从事这项工作?最佳答案是"是"。但"我不知道"这句话也有力量。选择那条路也显示了你的好奇心。你可能会发现自己已经到了该去的地方,或者,你可能会找到一条通往你的目标的全新而不同的道路。你可能会在你从未想过或想象过的地方找到幸福,过上更好的生活,并产生更大的影响力。

第 17 课
不要让反馈阻碍你走向成功

没有什么比负面反馈更能挑战乐观的人了。我永远不会忘记，我在摩立特咨询公司工作时，有一天，一位同事对我为客户做的幻灯片给出了负面反馈。他对我大加指责，给我打了"3分"（满分5分），说我的工作"不出色"。我很受伤，吵了一架也没用。这一天剩下的时间，我没有问"是我有什么不明白的地方吗"，也没有利用他的反馈意见来改进自己，而是不停地说"他以为他是谁啊"。最糟糕的是，我开始质疑他说得对不对，以及我是不是擅长我所做的事情。他的话甚至动摇了我坚持不懈的乐观，让我像一个悲观主义者一样思考：难道我身上有什么不可挽回的毛病吗？没有人说任何负面的话，这并不重要。只有当我开始冷静下来的时候，我才开始想，也许这个家伙知道一些我不知道的事情，也许我至少应该考虑一下他说的话。但最主要的问题是，他的反馈和我接受反馈的方式破坏了我们之间的关系，让我陷入了自我怀疑。

我是听着这样的建议长大的："听取反馈，它会让你变得更好。"现实是，很少有人会因为工作中收到的反馈而变得更好或有所改变。嗯，也许我当时就改变了一件事，然后，随着我职业生涯的发展，我又做了更多的改变。但事实是，大多数反馈往往是负面的、批评性的、不请自来的、不起作用的，这也是我们大多数人讨厌收到反馈的原因。

但反馈并不一定是这样的。回想一下第 3 课（"写下你的决心清单"）的内容，以及我的家人是如何使用"停止 – 开始 – 继续"框架来处理行为改变的过程的。我们有一个结构和流程，并公开邀请大家提供彼此的反馈意见，这样可以帮助我们确定未来一年要停止做什么、开始做什么和继续做什么。

应对反馈的办法不是忽视反馈，而是学会欢迎反馈、倾听反馈，并在今后的工作中利用反馈。敞开心扉去倾听不同的声音，甚至倾听你不喜欢的人的声音，这是一种力量。所有这些都能带来新的可能性，或者帮助你理解自己的选择。运用你在第11课中学到的重塑技巧，它不仅能帮助你接收和处理反馈，还能帮助你以正确的方式给予反馈，从而促进你取得成就。

说起来容易做起来难。不幸的是，高中、大学或研究生院都没有开设关于反馈的课程，即如何接收反馈或如何给出反馈，这就是为什么当我在摩立特的同事给我反馈时，我事后才明白我做错了什么重要的事情：我把他说的话当作事实而不是观点，也没有说谢谢。

记住，反馈是观点而不是事实，这句话来自比尔·卡里尔（Bill Carrier）的教导。他是马歇尔·古德史密斯百位教练集团的执行董事，也是一位备受尊敬的高管教练，他在培训高级管理人员和高潜力领导者时反复强调这一点。"我从别人那里收集来与领导者分享的意见和反馈是对某个特定主题在某个特定时刻的观点，而不是事实，"比尔说，"观点没有真假之分。无论是正面观点还是负面观点，都是评价和判断。来自不同人的观点（有时是同一个人的观点）往往会相互对立。有些意见可能无关紧要，或者偶尔晦涩难懂，而有些意见则会为你的人生提供极其重要的线索。如果你不小心，有些观点可能会让你觉得自己就像阿希什在摩立特做的那样。你的工作就是接受反馈意见，并将其作为你与自己对话的跳板，了解更多生活中对你有益的事情。"

这个跳板就是说"谢谢"的意义所在。马歇尔·古德史密斯要求我们把所有的反馈都看作一份礼物，当你收到任何礼物时，你会说什么？谢谢你！当反馈是积极的礼物时，说"谢谢"可以立即表达感激之情；当反馈是消极的礼物时，说"谢谢"能将反馈重新定义为有用的东西，从而降低你头脑中的抗议音量。马歇尔的整个反馈哲学都是前馈式的（正如你在他接下来的评论中看到的那样），即作为反馈者或接收者，都将反馈的重点放在未来：未来六个月或一年，我想完成哪些工作？他人的反馈对我有什么帮助？未来六个月或一年，其他人想做什么？我的反馈对他们有什么帮助？

无论你收到的礼物是帮助你了解如何做得更好的真知灼见，还是让你铭记于心的警告（比如，远离那个利用他对幻灯片的判断来诋毁你的人），利用它来实现你的目标。如果我当时只是对摩立特的那个人说声"谢谢"，而不是反驳他，让他的反馈意见影响到我，我和那位同事很可能会有一个不同的、更有成效的互动。说"谢谢"也会改善而不是损害我们之间的关系。

在年轻时，你越是学会了重塑反馈的意义，当你承担更大的领导责任时，你就越能有效地给予和接受反馈。

> 你知道自己并不完美，而且永远不会完美。使用本课提供的工具征求和接受反馈，表明你知道自己总是可以做得更好，帮助你看到自己可能错过的东西，增强与你共事或为你工作的人的能力，帮助你做得更好，并让他们敞开心扉倾听你的意见。
>
> 想象一下，如果有人在你演讲结束后走过来对你说："谢谢你今天所说的。这对我来说太重要了。"然后他们说："但你知道吗？这部分对我来说并不适用。我不知道为什么，就是不明白。"你会如何回答？你会敞开心扉说声"谢谢"，还是闭口不言呢？

我所认识的最好的教练都非常期待和享受那些反馈时刻。事实上，在JA工作的时候，这种情况就发生在我们派去负责发展校友社区的年轻人莎拉·拉普（Sarah Rapp）身上，让我明白了我在反馈之路上已经走了多远。

我和莎拉的经理艾琳·索耶（Erin Sawyer）为莎拉设定了一些雄心勃勃的目标，其中之一是建立一个JA年轻校友数据库，使之成为一个可以与哈佛大学、牛津大学和斯坦福大学等知名大学的在线校友社区相媲美的社区。莎拉很高兴能接受这一挑战。但当她开始工作时，她对我们的方法提出了质疑。她认为我们把事情搞反了。当我让她解释她的意思时，她给了我关于该社区参与方式的反馈意见：如果我们想让年轻人大规在年轻时,你越是学会了重塑反馈的意义,当你承担更大的领导责任时,你就越能有效地给予和接受反馈。

模参与，我们应该调动起当地校友会，让他们亲自会面，以推动网络数据库的发展，而不是孤立地建立数据库。她明白，我们的大多数年轻校友都像她一样，不想再加入一个在线社区，那样体会不到面对面聚会的好处。

在艾琳的鼓励下，我听取了莎拉的担忧并接受了反馈意见。我选择支持一项修订后的战略，该战略的新目标是提高校友会的参与度，而不仅仅是数据基础的增长。他们取得了惊人的成果：全球 80 多个地区（国家）和城市的 JA 校友会与地区 JA 校友领袖举行面对面的活动，校友数据库和在线社区的规模在不到三年的时间里超过了大多数高校的数据和规模。这也是你的选择：要么让反馈阻碍你成功，要么利用反馈推动你前进。

教 练 之 角

比尔·卡里尔
"别错过'反馈'这份珍贵的礼物"

我现在身高 6 英尺 3 英寸[①]，在同龄人中一直很高。当我 9 岁的时候，我去玩"不给糖就捣蛋"的游戏，在每家每户我都听到："孩子，你都这么大了，还玩这个？"

后来，在中学的时候，我试着打篮球，但身高的优势又阻碍了我。我打得很糟糕，每个人都这么说"你这么高，却打得这么差""你应该很棒，但你太糟糕了"。我认为他们是对的，因为我也这么想，所以我一直没有进步。因为我讨厌同伴和教练说我有多差，我甚至再也没有尝试过参加球队。认为自己很糟糕的想

比尔·卡里尔

[①] 1 英尺 =0.3048 米，1 英寸 =0.0254 米。

法也是我自我限制的因素。

　　我的负面反馈之路在西点军校达到了顶峰。学员们不断收到来自军官和其他学员的反馈,其中不乏批评和负面的意见。那些叫我"蛆虫"之类名字的人并没有让我产生追随他们并让自己不断进步的想法。但那些说"卡里尔,你将来要做一件非常重要的事,所以我现在对你非常严格"之类的话的学员和军官,却让我想做他们要求我做的任何事,甚至更多。他们是帮助我开启军官生涯,以及在高压力训练环境担任作战部队直接领导的指导教练。

　　这些故事是我今天向我指导的学员以及向我寻求帮助的人提供反馈的基础。我希望我提供的反馈是有用的,能够帮助他人发现他们想要的生活,了解如何成为最好的自己。有效的反馈并不意味着打压他们,并炫耀"我知道多少",或者证明"我比他们强"。我们大多数人都明白这一点,并希望我们的反馈是有用的,但因为我们没有学会以更好的方式来提供和接受反馈,我们一不小心就像阿希什在摩立特的同事所做的那样,不经意间陷入评判的泥潭,或者最终感到愤恨不满。因为同事的批评很轻率,也因为阿希什的情绪很沮丧,这就导致他们之间的互动更多的是关于被触发的情绪,而不是反馈的内容。他们的关系恶化了,演示幻灯片也无济于事。不管你怎么衡量,这都是一次反馈失败。

　　阿希什的同事本可以像我在部队里最好的教练所做的那样,也是我今天努力做到的那样,消除阿希什的防备心理:明确你的意图。当你给出反馈时,一定要表明你重视这个人和他正在创造的未来,这也是你直接给出反馈的原因。反馈结束后,询问对方是否理解了你所说的话。最重要的是,要提出问题,而不是提出建议和意见。要有好奇心!想象一下,如果阿希什的同事问了一个问题,对他为什么要这样展示幻灯片表示出真正的好奇,结果会怎样呢?

　　在你提出问题之前,先问问对方是否愿意接受反馈,在别人给你反馈之前,先问对方是否愿意给出反馈。例如,如果今天的比尔能回到9岁的比尔身边,并与过去的自己交谈,那么,我会第一时间与他产生共鸣。然后，我会说："因为这对你来说很重要，我们可能会学到一些对你打篮球有帮助的东西，你愿意让我问你一些问题吗？"如果小比尔同意，我会继续问："为什么你认为自己的身高这么重要？我很好奇，你是否认为他们对你的身高有些恐惧？也许你会比他们打得更好呢？因为他们打球的时间都比你长得多，如果你给自己一些时间练习打球，让自己变得更好，会发生什么呢？"

这些是我给领导者做指导时可能会问的问题，这些问题是为了给他们提供一些想法，让他们去探索，然后选择去留心和领悟。接下来，我会给他们很多空间，让他们决定自己是否想付诸行动。这里有个关于任何反馈的重要事实：你可以提供反馈，但你没有权力让别人根据反馈采取行动。

比尔·卡里尔（个人主页：linkedin.com/in/billcarrier）是卡里尔领导力培训公司的总裁，该公司专门为高管和高级团队提供领导力、高管气质和组织影响力方面的培训。比尔·卡里尔还是马歇尔·古德史密斯百位教练社区的执行董事，该社区是一个由世界顶级领导力专业人士组成的协会。作为首席执行官和高级领导人的执行教练和思想伙伴，比尔从神经科学、本体论、运动心理学或体感学以及西点军校的领导力发展中汲取了最佳实践经验。

马歇尔讲堂：试着用"前馈"代替"反馈"

提供反馈一直被认为是领导者的一项基本技能。然而，我们大多数人都讨厌收到负面反馈，也不喜欢给出负面反馈。除了反馈会让人联想到批评和伤害感情之外，它还只关注过去和已经发生的事情，而不是未来的机会。我们可以改变未来，但不能改变过去，所以，反馈通常是有限的和静态的，而不是广泛的和动态的。

为什么不以本课的建议为基础，把反馈转化为前馈，专注于下一步呢？前馈几乎可以涵盖所有与反馈相同的"材料"。更妙的是，与反馈相比，人们往往会更专注地倾听前馈，因为前馈关注的是可能发生的事情。

请看下面的练习，我让一组领导者扮演两个角色。在第一个角色中，要求他们提供前馈：为他人的未来提出建议，并提供力所能及的帮助。在第二个角色中，要求他们接受前馈：听取别人对未来的建议，并尽可能多地学习。在这里，给予和接受前馈的整个过程通常需要两分钟左右。整个练习通常持续10~15分钟，参与者平均要进行6~7次对话。

1. 选择一个你想改变的行为。这种行为的改变会对你的生活产生重大而积极的影响。

2. 向其他参与者描述这种行为。（这是在一对一对话中完成的。可以做得很简单，比如，"我想成为一个更好的倾听者"。）

3. 寻求前馈：对未来提出两条建议，这两条建议可能会帮助你实现所选行为的积极改变。如果你过去曾与某人共事过，那么他不能提供任何有关过去的反馈，只能提供对未来的想法。

4. 认真听取建议并做好笔记。你不能对别人的建议发表评论、提出批评，甚至也不能说"这是个好主意"等肯定的话。

5. 感谢别人的建议。

6. 询问他们想要改变什么。

7. 为他们提供前馈。

8. 当别人感谢你的建议时，请说"不客气"。

我已经观察了三万多名领导者参与这项练习的情景。练习结束的时候，我会让他们给出一个最恰当的词来把这个句子补充完整："这项练习是_____的。"他们说出的词几乎都是非常积极的，比如"激励性""有用"和"有帮助"。而当我们考虑任何反馈活动时，最常见的词汇或许是最后一个出现在脑海里的词，即"有趣"。是的，很有趣。

前馈并不意味着我们永远不应该给予反馈，也不意味着我们应该放弃绩效评估。我们的目的是要说明，在日常互动中，前馈通常比反馈更可取。各级成功人士之间切实有效的沟通是维系组织的黏合剂。前馈文化可以极大地提高任何组织的沟通质量，确保传达正确的信息，并确保接收信息的人能够接受信息的内容。这听起来很有趣。

第18课
学会在简单与复杂之间取得平衡

在我完成研究生学业并开始在世界银行工作后不久，我的老板让我撰写一篇关于产业集群的论文，并出版发行。产业集群是指像硅谷这样的区域，它是由相互关联的公司、供应商和其他机构"聚集"在一起形成的群体，吸引人们来到该地区，并创造财富和经济增长，同时提高效率和全球竞争力。世界银行希望了解如何支持印度和尼日利亚等地的产业集群发展，以促进经济增长和减少贫困。我的论文旨在促进对这一问题的理解。

我感到了必须完成任务的压力。我论文的每个部分都需要达到世界银行的标准，并展示出强大的经济推理能力。我在牛津的课程和博士学位为我做好了准备。不过，要让我的研究、分析和任何想法简单到足以让不精通发展经济学的听众理解这些集群如何解决贫困问题，我的准备还不够充分。

请注意，我并没有说要**解决**贫困问题。在解决复杂问题的过程中，有很多化繁为简的原则，比如"简单点，笨蛋"（简称KISS）或奥卡姆剃刀定律（Occam's Razor），即选择假设最少的假设，并剔除不可能的选项。本课讲的是**理解**，而不是解决。

KISS也许是解决某些问题和做出某些决定的好建议，但对于现代成就的实现过程和我们面临的复杂问题来说，这可不是个好主意。正如我在本书开头所说，我们最大的、最棘手的社会和经济问题跨越国界，即使我们正在努力解决它们，它们也在不断演变。气候变化、经济不平等、种族不公正、网络犯罪、世界饥饿……这些问题没有简单或单一（即固定式）的解决方案。我们必须接受它们的复杂性。也就是说，复杂性往往会成为理解的障碍。在简单与复杂之间取得平衡，意味着要有足够的灵活性来接受复杂性，并以足够简单的方式呈现复杂性，以吸引受众并让他们买账。

需要明确的是，简单并不意味着"降低智力水平"。**在简单与复杂之间取得平衡，意味着找到一种方法，尽可能简单地呈现问题和想法，这既需要深思熟虑，也需要付出努力**。请记住，这一过程的目的不是提出解决方案，而是让你和其他人产生理解，从而通过共同创造和设计解决方案的过程来不断迭代、取得成功。

你不需要处理像贫困这样棘手的问题，也能理解在简单与复杂之间取得平衡以创造理解力的必要性。本书中解析的"固定－灵活－自由"框架和在JA 中实施的"固定－灵活－自由"框架，都是我在简单与复杂之间寻求平衡的尝试。以 JA 为例，我面对的是一个全球性的、具有挑战性的内部和外部环境。我们需要一种简单的方法，可以在不同地点之间进行协作，并向全球董事会和六个区域董事会解释清楚，而不是对我们烦琐且法律至上的运营协议进行多次修改。该框架让不同地区和国家具有不同需求的人员和团队了解我们希望如何与他们合作，并授权他们设计本地解决方案，促进组织发展。同样，我希望你们在完成撰写成就故事这一复杂任务时，也能在该框架的三个维度之间找到平衡。在这两种情况下，该框架都提供了一种共享语言，让你无论是独自完成还是与他人一起撰写，都能拥有并找到通往成功的道路。

换句话说，把"固定－灵活－自由"框架变成你自己的框架，你就可以用该框架为他人和自己简化复杂的问题，并围绕解决方案和目标进行调整，保持协调一致性，这对现代成就至关重要（见第 20 课）。

或者，以圈子贷为例。我们成立公司的时候，个人对个人借贷还是个新生事物。我们利用天使投资人的资金，不断摸索和改善，最终取得了成功，我们建立了原型和网站，然后不断建立更好的原型和网站，以吸引更多的客户和新的投资人。这种迭代的经验对于创业心态来说是必不可少的，但如果我们向客户和投资者展示千篇一律的香肠制作过程，他们就永远不会签约。我们必须做很多复杂的工作，从数据到合同，无所不包。我们必须说服征信机构接受我们贷款的数据，就像它们接受银行贷款一样，这样按时或逾期付款对信用评分就会产生积极或消极的影响。以前没有人这样做过，但这为交易增加了更多的价值和结果。我们必须为家庭内在简单与复杂之间取得平衡,意味着找到一种方法,尽可能简单地呈现问题和想法,这既需要深思熟虑,也需要付出努力。

部抵押贷款和家庭内部反向抵押贷款制定协议，允许亲属之间相互转让房地产。我们必须与各州的房地产主管部门合作，合法地记录交易。与此同时，我们内部也在讨论，是采取基于规则的贷款方法，还是采取基于调整的方法来满足每个人的需求。还有……你懂的。

虽然建立圈子贷的工作细致入微，但对我们的大多数客户、投资者、董事会成员和潜在员工来说，这些复杂程序都不重要。我们需要让他们参与到这个想法中来，并帮助他们理解这个想法及其潜力。我们需要根据受众和环境来判断，何时传播简单的内容，何时添加复杂的内容。

你可能要面对一个组织问题；创建一个新的商业模式、产品或服务；建立团队文化；试图让投资者、老板或潜在雇主为你的产品买账。这些通常都是很复杂的事情。找到简单与复杂之间的平衡点，你就能吸引他人，为自己和他人取得更多成就，这正是亚历山大·奥斯特瓦德（Alex ander Osterwalder）在"教练之角"中介绍的工具可以帮你开发的内容。

教练之角

亚历山大·奥斯特瓦德
"用简单的工具进行复杂的讨论"

在我的整个职业生涯中，我最热衷并一直在努力做的工作就是简化当今领导者面临的复杂挑战，并制作像"商业模式画布"这样的工具，以促进围绕复杂问题的沟通。

从商学院毕业后，我与瑞士洛桑大学的计算机科学家、管理信息系统教授伊夫·皮尼厄（Yves Pigneur）合作，为商界人士创建了一个计算机辅助设计工具，让他们能够像建筑师设计建筑一样生成商业模式。建筑师如果不绘制图纸或原型，就谈不上建筑。有了模型，你就可以围绕

亚历山大·奥斯特瓦德

原型提出具体问题：为什么我们要这样利用空间？我们不喜欢那个窗口，为什么？建筑师和设计专业人士并不是唯一依赖原型和模型的人。阿希什在开发圈子贷的过程中也使用了原型和模型。在医学院，医生和学生使用物理和图形工具来了解有关人体的生理学和解剖学。但当"生理学和解剖学"涉及商业和创业时，除了"餐巾纸草图"，创建商业模式的其他工具少之又少。

我们在商学院并没有真正学习如何将商业模式转化为现实。当然，我们确实会谈论商业模式。但是，如果我想创建一个企业，并得到别人的支持，仅仅用文字来解释往往是不够的。如果我有一个来自营销、技术和运营的多元化团队，他们有着不同的经验，也许还有全球差异和语言障碍，那该怎么办？我该如何表达我所谈论的内容？当他们坐在一起，在语言交流之外协调彼此的理解时，我怎样才能帮助他们理解并参与讨论呢？

在与我的教授合作的过程中，我明白了在商业和领导力领域中，需要将无形的概念转化为具体模型的工具。每个组织在尝试创建商业模式时都面临着复杂的挑战。企业的价值主张和组织文化也是如此。这些挑战需要工具。因此，我们努力创造最简单、最具体、最易懂、最可行的工具。首先是商业模式画布，其次是价值主张画布和文化地图（你可以从strategyzer.com/library/the-business-model-canvas 下载商业模式画布）。

为了在更广的层面上说明我所说的让事物具体化的工具是什么意思，请考虑一下"Ikigai"，这是某人为帮助我们阐明我们对公司的期望而创建的工具。Ikigai 在日语中意为"生活的意义"，我们用它来协调我们的职业目标和生活目标。我们希望我们公司的员工能够做自己喜欢和擅长的、世界需要的事情，而且我们可以为此支付报酬。否则，他们就不要来我们公司上班。埃克特·贾西亚（Héctor Garcia）和法兰赛斯克·米拉莱斯（Francesc Miralles）的著作《富足乐龄：日本生活美学的长寿秘诀》（*Ikigai: The Japanese Secret to a Long and Happy Life*）帮助我们用文字理解了"Ikigai"（生活的意义），并为我们提供了一个简单而强大的工具来讨论复杂的过程（见图6）。

简单来说,我们拥有许多用于数据分析的工具,但我们缺乏能够帮助我们提出正确问题的思维工具。如果你不能对某件事情提出正确的问题,你又如何去解决它呢?太多领导者只给出答案。这些答案是规定性的法则和指令,而不是设计潜在解决方案的描述性内容。你可能会发现很多方案都是错的,但你会从中设计出一个

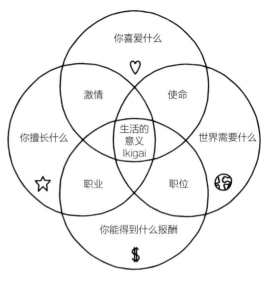

图6 生活的意义 Ikigai

正确的方案。在创新中,想法其实并不重要,重要的是不断迭代想法,直到它行之有效。

当然,我们不是第一个创建像商业模式画布等工具的人。但现有的工具过于复杂,难以发挥作用。我们创建了直观易用的工具,并以简单与复杂相平衡的方式包装它们,让人们对它们充满热情。这就是我喜欢采用"固定-灵活-自由"框架去实现目标的原因。此类框架能让你对自己和他人提出重大问题,比如:为什么事情会变成这样?我们可以采取不同的方法吗?能否以不同的方式设计这个组织?我能不能换一种设计方式?你需要正确的工具来提出正确的问题,以了解背景情况,并不断迭代你的成功。

亚历山大·奥斯特瓦德(个人主页:alexosterwalder.com)是一位演说家,著有多部书籍,包括《商业模式新生代》(*Business Model generation*)。他也是 Strategyzer 公司的联合创始人,该公司为高露洁棕榄(Colgate-Palmolive)、万事达卡(MasterCard)和默克(Merck)等公司提供技术驱动的创新服务。亚历山大·奥斯特瓦德与伊夫·皮尼厄一起发明了"商业模式画布"和其他实用工具,全球数百万人都在使用这些工具。

马歇尔讲堂：我是不是很聪明，他们是不是很傻

如果我给你一个提高生产力的工具，它可以帮助你使你的目标和别人的目标保持协调一致，可以节省时间，不花你一分钱，让你建立自我意识，甚至可以提高你处理最复杂问题的效率，你会使用它吗？

我曾问过全世界十多万名成功人士和其他与我共事过的人这样一个问题：在所有的人际沟通时间中，人们谈论自己有多聪明、听别人说自己有多聪明、谈论别人有多愚蠢或听别人说他们自己有多愚蠢的时间占了多少？

答案是什么？65%！我们2/3的时间都用来满足宣传自己有多聪明、别人有多笨的需要，或者花时间听别人这样说。现在问题来了：我们花两倍的时间谈论别人有多愚蠢。当有人说"你能不能简单点"时，你会有不同的感受，是吧？

我明白了。你们中的许多人都很忙，承受着前所未有的压力。阿希什关于在简单与复杂之间取得平衡的课程，对你取得成就和不断迭代你的成功非常重要。但是，尽管找到平衡和迭代成功很有趣，但也很困难，这就是为什么这么多人浪费时间赞扬自己和贬低别人。

所以，提高生产力的方法就是两个字：闭嘴！

说自己有多聪明，你能学到多少？听别人说你有多聪明，你能学到多少？什么也学不到！说别人有多愚蠢或听别人这样说，你能学到多少？绝对是什么也学不到！

如果你想成为一名出色的领导者，那么在接下来的职业生涯中，你必须注意自己的言行举止。首先要做到这一点！说话之前，先做深呼吸。扪心自问：我的评论真的能改善什么吗？还是我只是想证明自己更优秀、更聪明，我就是爱听自己的声音？

此外，不要再指出为什么别人是错的而你是对的，甚至不要再往那方面想了！如果你能在这些看似微不足道的时刻，和一个与你密切合作、想必很了解你的人在一起时停止自我炫耀，换句话说，只要无关痛痒，你不必显摆自己"更聪明"，你得控制自己"逢人就显摆"的毛病。

第 19 课
让他们想要更多

我创办圈子贷时只有一名员工,当时,我从家人和朋友那里获得了 3 万美元的种子资金,从第一批投资者那里获得了 35 万美元。第一年,我们就拥有了 50 个客户,贷款额达 200 万美元,这验证了我们的理念,但我们需要更多资金来推动增长。2002 年,我从天使投资人那里获得了新一轮融资。紧接着又是一轮,随后又是一轮。在接下来的两年里,我把大部分时间都花在了公司融资上。我已经习惯了四处奔波和经常听到"不"的声音。我被拒绝的次数太多了,如今,当我走在纽约街头时,经常会路过那些拒绝过我的办公楼,还能回忆起当时拜访每间办公室时的心情。

最后,在风险投资公司提供机构资金之前,在维珍集团向我伸出收购公司的橄榄枝之前,我从《财富》500 强银行的 CEO 们和亚马逊的杰夫·贝佐斯等知名人士那里总共筹集了 600 多万美元。但这些投资没有一项是在一次会面或一通电话之后就能搞定的。在某些情况下,如果能在第一次会面中就得到合伙人或其他决策者的同意,我就已经很幸运了。这就是为什么,每当我进入会场时,我都信奉这样一句话:第一次会面的目标是获得第二次会面。

无论你是向潜在的投资者、客户或合作伙伴推销你的业务,还是向潜在的雇主推销你自己,如果事关重大,很少有人会在第一次见面后就答应你,甚至根本不会想到要答应你。很多人会找个理由拒绝你。你可以好好表现自己,准备好回答尖锐的问题,展示对自己或自己所能提供的价值的理解,并克服他人的质疑和担忧。但这些仍然无法让你第一次就获得对方的肯定答复。

在第一次会面中,你需要做的是让人们想再次和你交谈,而最好的方无论你是向潜在的投资者、客户或合作伙伴推销你的业务,还是向潜在的雇主推销你自己,如果事关重大,很少有人会在第一次见面后就答应你,甚至根本不会想到要答应你。

法就是让他们想要更多。注意，我说的是"**想要**"，而不是"**需要**"。无论是需要填补的职位、需要完成的工作，还是需要投入的资金，每次会面都是从需要开始的。需求是既定的。除非对方认为你能满足他们的需求，并且比起其他人，他们更希望与你一起迈出下一步，否则你就进不了对方的心门。

"想要"是一种感觉。你可能会因为准备不充分、没有研究你所推销对象的需求，或者没有读懂会场气氛而无法产生这种感觉。但很多时候，你无法让人们对你产生"想要"的渴望，因为你让他们想要的东西太少了。你试图做得太多，展示你知道多少，证明你有多聪明，过度承诺，滔滔不绝。你在有限的时间内尽可能多地展示自己，而没有时间提问或回答问题，使所有的问题都围绕着你自己，这让他们想要的更少了。

让他们想要更多，就能让他们相信你还有更多的东西可以提供和谈论。例如，当我推销圈子贷时，点对点借贷还是新生事物，投资者仍在感受着网络泡沫的冲击。我知道，在众多网络初创企业纷纷失败的时候，我需要证明我们能够兑现承诺。因此，我从来没有在幻灯片上展示未来几年的里程碑。相反，我列出了我们自己的里程碑，第一个里程碑的方框已经勾选，其他里程碑只需几周就能完成。

第二个里程碑也已经完成，但还没有勾选。第三个我百分之百确定会实现。剩下的里程碑都是中期目标。

我没有勾选第二个里程碑的方框，并不是为了欺骗。我不打勾是为了让大家有所期待，并评估何时召开下一次会议，在完成每一个里程碑之前还是之后召开。一些投资者需要更多的进展，希望等到第三个里程碑，而另一些投资者则准备更快地做出决定。我需要在后续会议上传达我所做的事情；帮助他们克服任何挥之不去的疑虑、恐惧或担忧；并让他们愿意听到更多。我想让他们知道，我可以兑现我的承诺（让他们惊叹："嘿，**这家伙做事有始有终**"），并获得第二次会面的机会。第二次会面的目的是让他们同意我们与现有的投资者通电话，这样就有达成交易的希望。

当你向别人推销和建立联系时，不要试图展示一切，也不要认为你需要展示一切。尽你所能，但要留有余地，让他们在你身上看到自己的影子，并希望看到下一步是什么。让他们一直想要更多，直到他们无法抗拒你所提供的东西。用剩下的时间去提问，去了解你不知道或需要做的事情。

当与人一对一打交道时，一定要听从马歇尔的建议，问问自己："**我还需要说什么吗？**"如果你不让别人说话，或者不给他们说话的空间，你就无法让他们想要更多！为你的后续行动留出一些余地，这样才能起到事半功倍的效果，并穿针引线，确保有第二次会面。

教练之角

马克·C. 汤普森
"对他人感兴趣"

阿希什的课程和马歇尔的评论，两者背景不同，但它们是相通的。马歇尔谈到了拒绝那些带着创意来找自己的人的老板们。这些领导者急于证明自己的创意，并拔高自己想法的价值，即使是出于好意，他们也会让整个会场变得沉闷无聊，不给带着创意进来的人留下一丝一毫的机会。阿希什也认为，你必须深刻地表明你在倾听别人的心声，在他看来，倾听的对象就是你的推销对象。让那些你希望与之进行第二次会面的人成为你关注的对象，这样他们就会感到被理解、被倾听，并且想要更多地了解你的信息。

阿希什的课程和马歇尔的评论，两者的核心都是一个我称之为"维珍效应"的原则：只有

马克·C. 汤普森

感兴趣，才会觉得有趣。这是让他们欲罢不能的一个重要方法：对他人感兴趣。

这一原则是以英国商业巨头、维珍集团创始人理查德·布兰森的名字命名的。多年来，我和理查德一起建立了创业中心，而且我还视他为良师益友。在每次会议上，我都能看到他在皮质笔记本上做笔记，向在场的每

个人展示他对他们的兴趣。如果你只是假装对某人感兴趣，只是想让别人把注意力都集中在你身上，你就不会带着像笔记本这样有分量和永久性的东西，更不用说专心倾听，并做大量的笔记了。

你不需要一个世界闻名的亿万富翁在场，也能知道当有人对你要说的话表现出兴趣，让你觉得自己的想法被倾听、被理解时会有什么感觉。被理解是让我们感觉很棒的重要因素之一。这就是为什么史蒂芬·柯维的传奇之作《高效能人士的7个习惯》中有这样一条：在寻求被理解之前，先去理解他人。

你也不必等到成为领导者后，才去培养自己的兴趣，以取得更好、更多的成就。你要以一种实质性的、情境性的、真心诚意的方式培养自己的兴趣，而不是排着长长的队伍去等待你的兴趣对象。如果在你是一个"无名小卒"的时候也能这样关心他人，比如，积极倾听你的队友、老板和客户的意见，那么，你就证明了你对他们的信任，他们也能感受到你的真心。如果你只顾着拍马屁上位，他们就永远不会从你身上获得这种感觉。但是，在这个层面上的兴趣远不止于出席会议和记笔记那么简单。你需要准备好让自己感兴趣，做好调查，做足功课，了解你的听众是谁，他们关心的是什么。

你可以利用所学知识提出奇妙的问题，将好奇心转化为兴趣。人们都喜欢谈论他们自己。如果他们不喜欢你，他们就不想再见到你，而他们之所以会喜欢你，是因为你在寻求理解的过程中会深入聆听他们的声音。

对他人感兴趣的另一个好处是，你不必费尽心思让自己变得有趣。让我们面对现实吧，当你刚开始谈论你自己的时候，可能并没有那么有趣。那么你该如何开始呢？不要等着别人来问你。准备好表现出感兴趣的样子吧。

我最终被嘉信理财聘用，该集团的创始人查尔斯·恰克·施瓦布（Charles Chuck Schwab）毕业于斯坦福大学，当时可谓金融科技领域的颠覆者。嘉信理财集团在斯坦福大学设立柜台时，我有幸遇见了他。恰克当时正试图颠覆华尔街，他的话让我很受用。他在道义上反对经纪人。他想用收费取代佣金。恰克希望雇用对投资有热情的人，而不是出身显赫的人，而我正好符合要求。我并非家境殷实。我在学校的日子很费力，有两次差点被斯坦福大学开除，因为我身患残疾，直到十几岁才开始阅读，而且无法完成英语作业。但我非常熟悉股票和经纪公司的运作方式。我一直没什么钱，所以我对钱很感兴趣，我用自己的方式学习投资。我询问恰克在做什么、为何要做以及如何去做，以此来表达我的兴趣和兴奋。恰克看见了，说："孩子，你喜欢投资，为什么不跳出柜台，转行做投资呢？"

我之所以能跳出柜台，是因为我已经对钱产生了兴趣。如果你有机会感兴趣，你会做好准备吗？

马克·C.汤普森（个人主页：markcthompson.com）担任过Schwab.com、Esurance、Rioport和Interwoven的首席执行官，之后，他成了一位领导力教练，专门为全球发展最快、最具创新精神的公司提供服务。他是斯坦福大学实时创业设计实验室（Real-time Venture Design Lab）、理查德·布兰森爵士的创业中心（Sir Richard Branson's Entrepreneurship Centres）和肯尼迪创业领导力学院（JFK Institute for Entrepreneurial Leadership）的联合创始人。他的《纽约时报》畅销书包括《受人敬仰：让你的价值翻倍的21种方法》（*Admired*：*21 Ways to Double Your Value*）和《基业长青：创造有意义的生活》（*Success Built to Last*：*Creating a Life That Matters*）。2023年，他被Thinkers 50评选为"传奇教练"，并入选教练名人堂。

马歇尔讲堂：不要让他们想要的越来越少

你是否曾在与你所爱之人谈话时气急败坏地想证明自己是对的，生气之后才意识到这一切都微不足道，毫无意义，不值得花精力去纠结？太多时候，我们渴望胜利的冲动会压倒理性思考，我们不断堆砌证据和论据。我们的目标从提供信息转变为说服，再转变为征服。

请看这样一个场景：想象一下，你想和配偶、伴侣或朋友出去吃饭。你想去 X 餐厅，他想去 Y 餐厅，你们就这个选择展开了激烈的争论。你指出了 Y 餐厅收到的差评，但你让步了，最终还是去了那里。经验证实了你的疑虑。你们在预订座位后等了 30 分钟才上菜。服务很慢，饮料很淡，食物尝起来像熟透的垃圾。随着这段痛苦经历的展开，你有两个选择：批评餐厅，向你的伴侣指出他错得有多严重，并说明，如果他当初听你的话，这一切本来是可以避免的；或者，你可以选择闭嘴，所有恩怨一笔勾销，你只需享受今宵。

多年来，我就这种情况对我的教练客户进行了调查。所有人都认为他们应该闭嘴，好好享受。但 75% 的人说他们会批评这家餐厅。即使他们知道自己应该做什么，但还是会做错事，并且争强好胜，努力证明自己多么正确。我们都面临着这种冲动，但是，正如我的拙作《管理中的魔鬼细节：突破阻碍你更成功的 20+1 个致命习惯》的书名所提示的那样，"what got you here won't got you there"，如果你的目标是吃一顿愉快的晚餐，那么，大声批评餐厅会让你离目标越来越远，还会伤害到与你共度晚餐的人。

现在，让我们想象一下你是我的老板。我年轻、聪明、热情。我带着一个创意去找你。你认为这是个好点子。但你没有直接说"好点子"，也没有问我是否想谈谈，或者你能帮上什么忙，而是说："嗯，这主意不错。你为什么不把这个加到你的想法里呢？为什么不这样思考你的想法呢？"你这样说的问题出来了，虽然我的创意的质量可能会提高 5%，但我执行的决心可能会下降 50%。你一心只想把我的创意质量提高一点点，却大大损害了我的决心。

你让我想做的事情越来越少。

卡尼尔（JP Garnier）是葛兰素史克制药公司的前 CEO，也是我的一位教练客户，他帮助我理解了为什么会发生这种情况，尤其是在你是领导者的时候。他说："我的建议变成了命令。如果这是些明智的建议，它们就是命令。如果这是些愚蠢的建议，它们还是命令。如果我希望它们是命令，它们就是命令。如果我不想让它们成为命令，它们还是命令。"卡尼尔明白，他说的任何话都是命令，他从我身上学到了一个教训：请闭嘴，努力成为一个更好、更快乐的领导者。如果你不开口，你就不能下命令。卡尼尔告诉我："在说话之前，我会停下来做深呼吸，问自己一个问题：'这值得吗？'"就像卡尼尔一样，我相信，你会发现答案通常是"不值得"。

第 20 课
把别人的目标变成自己的目标

我说服自己辞去 Covestor 首席执行官的工作，让世界上最富有的人之一收购了这家公司。

Covestor 于 2006 年推出，当时是一个社交网络平台，通过与大型在线经纪公司盈透证券（Interactive Brokers）的合作，用户可以跟踪自己的经纪账户，共享账户，并借鉴其他用户的交易。2011 年，我加入这家公司并担任 CEO，我的工作是重新定位和发展公司。我为董事会中的风险投资公司设定的最终目标是让 Covestor 成为被收购目标。随着我们在资产管理和在线投资的颠覆浪潮中成为领导者，潜在的买家也随之出现。其中之一是我们的合作伙伴，即盈透证券公司，它的老板是美籍匈牙利亿万富翁托马斯·彼得菲（Thomas Peterffy）。于是，我和我的三位高管同事乘飞机去他位于佛罗里达的豪宅与他会面。

我以为这只是个坐下来开会的场合，但显然我们还要一起吃午饭，所以当管家打开门看到我们四个人时，他皱起了眉头。管家一身白色制服，就像从电影制片厂租借来的戏服一样。他默默地转身去叫彼得菲，留下我们在门口一脸茫然地等着。

"对不起，阿希什，"彼得菲在门口和我们会合时说，"我们的午餐桌只能坐两个人。你的同事不能来。"

我在心里快速盘算了一下，问彼得菲我们能否单独谈一会儿。我为刚才的误会道歉，并告诉他，他无需见我们所有人，但我建议他见见我的首席技术官毕姆·沙阿（Bimal Shah）。在我带来的三个人中，毕姆并不是资历最深的，但我知道彼得菲早年曾是一名成功的计算机程序员，并设计了一些经纪业最好的金融软件。我告诉彼得菲，毕姆是这个领域的佼佼者。他同意让毕姆留下来，我让另外两名失望的队友离开，让他们自己去吃午饭。

就在那时，我开始说服自己放弃这份工作。

我用午餐时间向彼得菲解释，我不是经营公司的料。对盈透证券真正有价值的是 Covestor 的技术，而不是我。"这家公司之所以没有做得更大，是因为我不是经营它的合适人选，"我说，"您才是经营它的最佳人选。看看您的生意做得多棒。想象一下您能用我们的技术做些什么？"

午饭后我们在他的花园里散步，谈话仍在继续，只有彼得菲和我，还有从我们身边经过的园丁，**园丁真多呀**。他告诉我他使用公司技术的目标，我们还讨论了如何使我们的目标保持一致。他想知道我是否真的想离开公司，并让我解释所有我不擅长的事情。他听完很满意，我们又重新回到了毕姆身边，彼得菲开始深入询问与技术相关的问题。他说，他会让他的技术团队对 Covestor 的技术能力进行适当的测试，然后再做决定。几周后，他买下了这家公司。截至本书出版时[一]，毕姆还在那里。

请记住本书的第 1 课：现代成就其实是个混合体，是各种方法的组合，能让你既发展得好，又能把你追求成就的方法跟别人的目标相契合。**你越能在增强自身能力与满足他人需求之间取得平衡，你就会爬得越高，发展得越好。**我向托马斯·彼得菲解释我为什么不适合担任 Covestor 的负责人，以及他为什么仍然应该收购该公司，这是保持目标一致的一个例子：我的目标、彼得菲的目标以及公司的目标。

这句话出自一位正在洽谈公司出售事宜的 CEO 之口，听起来可能有点自私自利。但正如马歇尔所说，当成功人士把注意力从自己身上转移到他人身上时，他们就会成为伟大的领导者。

在追求成就的初期学习这一课并不容易。当你开始你的成就之旅时，你往往更关注自己的目标，而不是他人的目标。你正在通过掌握新技能来建立自我效能感。但这一课实际上是对你的自我效能感有多强大的一个考验。

[一] 本书英文版出版时间为 2024 年 8 月 13 日。

你越能在增强自身能力与满足他人需求之间取得平衡，你就会爬得越高，发展得越好。

在我还是一名年轻的成功人士,在试图平衡自己日益增长的创业精神与当时所服务的公司的需求时,我学到了这一课的价值。事实上,如果我没有说服我的雇主(全球咨询公司摩立特)在我作为员工实现目标的同时也与我分享他们的目标,我的第一家公司圈子贷可能永远都不会成立。

当我在世界银行开始我的第一份工作时,我并没有创业的想法,但在我搬到波士顿并在摩立特工作几个月后,我就有了创业的愿望。斯坦·戴维斯(Stan Davis)和克里斯托弗·迈耶(Christopher Meyer)合著的《未来财富》(*Future Wealth*)中有一章给了我灵感,该章节认为,未来将使人们能够相互投资,而不仅仅是投资于公司。毕竟,大多数企业都会失败,但大多数人都会成功。我花了几个月的时间在工作之外研究点对点借贷市场的潜力,并为其制作了一份商业计划书,该市场管理个人对个人的贷款,用于商业、教育、房地产或任何需要。我给公司取名为"圈子贷",因为资金将来自某个人的家庭圈、朋友圈和其他关系圈。

当我想把这个副业做得更大时,我找到了摩立特。我希望他们能看到,圈子贷和投资优秀人才的理念正是我希望他们与我一起做的事情。我给了摩立特两个选择:如果他们有兴趣,他们可以投资,而我可以离开独自创业(这是我不愿意的);或者,我可以用一半时间为他们提供咨询,用另一半时间在公司内部开发圈子贷,作为回报,他们可以支付我部分薪水、提供办公场所、获得一些市场调研支持,并给予他们在未来购买我的企业股权的优先购买权。具体来说,他们将获得圈子贷的股权,并有权投资我在40岁之前创建的任何其他企业,如果我的第一个企业不成功,他们也不必担心。

我永远不会忘记他们答应投资时我的感受。他们相信,我能够兑现我的承诺,发挥我的潜力。圈子贷是一个全新的想法,没有人知道它是否可行。他们相信我,因为我已经证明,我可以把他们的目标视为自己的目标。太酷了。

事实上,在摩立特这样一家以支持创新理念为荣的公司,我的创业精神更有可能得到认可,因为摩立特旗下有摩立特风险投资公司和摩立特市场空间公司等子公司。我的精神可能已被世界银行的官僚作风吞噬殆尽，我的工作原本可以产生巨大的影响力，但我怀疑，我需要在世界银行工作15年，才有权力执行自己的倡议或启动新的企业。不过，我还是找到了办法。因为把别人的目标变成自己的目标，并不在于这些目标的规模，而在于能否灵活地将它们视为自己成就故事的重要组成部分。

> 当你刚开始工作时，你可能会认为你的灵活性仅限于选择工作地点和方式。但是，从你所做的事情所带来的能量，到你对人和环境的反应，你都有机会把别人的目标变成你自己的目标。
>
> 在你为别人的目标投资时，你是如何表达对别人的支持的呢？
>
> 你对他人目标的投资如何体现在你的日常行为中，而不仅仅是你的言语上？
>
> 当你的想法没有被采纳，而你需要接受不同的方向时，你将如何回应和应对呢？

提出这样的问题可以培养你的自我意识，让你看到以前没有考虑过的可能性。此外，当你把自己的目标和表现与你为之工作或努力推销的人和地方的目标统一起来时，你就创造了一个团队环境，在这样的环境中，每个人都与迭代成就息息相关。将他人的目标变成自己的目标，从而找到协调一致的目标，这终将成为你个人成长和职业发展的终极变革。这种变革能力可以让你受到关注，甚至得到晋升。更好的是，它可能为你下一步的发展奠定基础。它甚至可能让你成为帮助他人实现自我发展的领导者。

今天，摩立特也不例外。有些公司和老板就像我一样，很乐意让你为自己寻找机会（无论是副业，还是投资教育），以便在你要去的地方获得更大的回报。只是不要让你的工作妨碍团队或公司目标的实现。一旦你获得了这种权利，就要不断使自己的目标和表现与你为之工作的人和地方的目标保持协调一致。

教练之角

戴维·布尔库什
"把老板的目标变成自己的目标,你会平步青云"

在我开始大学毕业后的第一份工作(医药代表)之前,我参加了一个为期三周的培训,在那里我要展示自己有多聪明。培训结束后,我的老板收到了一份关于我的报告,上面写满了我的分数和关于我的优缺点的笔记。报告上方写着"聪明反被聪明误"。

真是一记响亮的耳光。即使我后来成为教授、作家和演讲家,我也不会忘记这句话。

如果我认为自己比全场的人都聪明,我就无法在一个团队中工作,而在一个企业中,客户和员工都需要将你视为团队的一部分,这一点非常重要。具有讽刺意味的是,虽然我很聪明,但还不够聪明,无法理解我的经历就是一个揭露现状的完美案例,可以说明有多少年轻的成功人士和领导者在进入职场并努力服务他人时,觉得有必要证明自己有多聪明。我当时还没有学会如何合作,也没有从海蒂·格兰特(Heidi Grant)和 E. 托里·希金斯(E. Tory Higgins)所说的"证明业绩"的心态转变为"提高业绩"的心态。

戴维·布尔库什

造成这种挣扎的部分原因是,我们的教育体系出于一些显而易见的重要原因,灌输了一种"证明业绩"的理念,关注和庆祝个人的成就和结果,而不是个人的发展和成长。但后来我们毕业了,就被抛进了以团队为基础的环境和体系中。我们的业绩是通过团队和老板筛选出来的,我们的成果和成功不是首先由我们的聪明才智决定的,而是由其他人和我们所能获得的资源决定的。现在,"个人"业绩考核的依据是我们与他人合作的表现。

这就是为什么当人们问我:"我该如何处理那些不是好队友的明星员工?"我告诉他们,这是一个刁钻的问题。如果他们不是团队中的好队友,那么他们就不会成为业绩明星。他们的工作之一就是支持团队的需求。你与其认为自己是全场最聪明的人,有足够的才能独自改变世界(我称之为"孤独创造者神话"),还不如把团队的需求置于自己的需求之上,**把老板的目标当成自己的目标**。

如果你不打算走创业之路,而是想走得更远更快,那就帮助你的上司和团队实现目标,让他们看起来更出色,你也会大放异彩。这就是你对他们的持续成功不可或缺的原因,也是他们在晋升或跳槽时想要带你一起走的原因。这正是我在创业之初试图证明自己有多聪明时所错过的东西。

我知道,对于那些正在寻找灵感(了解自己的行为和角色如何服务于他人和世界)和目标(了解自己为了什么)的年轻有为者来说,这种方法似乎不太对劲。研究表明,大多数人都能从亲社会动机中获得更多的价值,并在他们所做的事情上做得更好。当然,这项研究并没有问你是否能从"让老板开心"中获得价值感和满足感,但这通常是获得更大的亲社会利益的最佳途径:你通过直接帮助他人和团队其他成员实现目标而看到自己的影响力。

无论你在哪里工作,无论你从事什么工作,都是如此。我们中有太多人把机会拒之门外,因为我们认为自己(或任何人)无法在与我们的目标不能马上协调一致的地方实现亲社会目标,并否定这些地方以及在那里工作的人的动机。

例如,我住在俄克拉何马州塔尔萨市,美国的天然气之都。这里有很多人从事与化石燃料相关的工作,他们让空调在 105 ℉(约为 40.56℃)的高温下运行,让医院的灯一直亮着,从中衍生出亲社会的动机和目的。他们中的很多人也非常关心环境问题,他们知道,即使是大型电力公司内部做出的微小改变,也可能比任何初创公司或他们单枪匹马的努力更能产生亲社会影响。

不管这些人相信什么,他们的"权力"将来自他们要听命的人,你也一样。所以，请寻找机会为你的上司服务，帮他们实现目标。通过把老板的目标当成自己的目标，你也迫使自己更系统地思考，并从更长远的角度看待你的工作已经或可能产生的影响。

戴维·布尔库什博士（个人主页：davidburkus.com）已经出版了五本关于商业和领导力的畅销书，其中包括他的最新作品《史上最佳团队》（*Best Team Ever*）。自 2017 年以来，他多次被评为全球顶级商业思想领袖。作为一名前商学院教授，戴维现在与来自各行各业的领导者合作，包括百事可乐、富达基金、奥多比公司和美国航空航天局。

马歇尔讲堂：倾听是为了沟通，而不是批判

想要过上我所说的"丰盈人生"，保持协调一致是必不可少的：要想获得那样的人生，你必须在自己的愿望、抱负和日常行动之间保持协调一致，同时享受这段旅程，而不论结果如何。但是，我们每个人都有一些行为和习惯会妨碍我们保持协调一致，其中最致命的可能就是不善于倾听。

"我的老板（或同事、直接下属）不听我的"是我在工作中最常听到的抱怨之一。人们会容忍各种粗鲁的行为，但倾听在他们心中却占据着特殊的位置，也许是因为这是我们每个人都应该能够轻松做到的事情。毕竟，怎样才能让我们的耳朵打开，眼睛看着说话的人，嘴巴闭上呢？显然需要很多。而心不在焉的倾听往往能说明很多问题：

我不在乎你。

我不理解你。

你错了。

你是愚蠢的。

你在浪费我的时间。

没人想听这些话。但是，如果你不善于倾听，特别是在你进入领导层的时候，你就在向别人传递这些负面信息。如此，人们还愿意跟你说话才

怪呢！

要想更好地倾听，并与讲话者保持同步，第一步很简单，就是让自己看起来好像在倾听。不要在别人说话的时候敲手指，不要在旁边聊天，也不要看手机。现在问问你的内心在做什么：你是在思考怎么回应吗？对别人所说的话挑毛病吗？如果是这样，那说明你还没有听明白。

在构思这一课的内容时，我想起了我和我的朋友朱迪思·葛拉瑟（Judith Glaser）关于"对话力"的一次对话，这也是她那本精彩著作的书名。我问她："领导者如何才能找到那些有潜力做得更好的人呢？也许他们做得很好，但你觉得他们可以比现在做得更好？"

朱迪思回答说："很多时候，你在批评别人，看他们是否足够优秀。还有的时候，别人掉链子了，你会说'嗯，我早料到了'。我们习惯于批评和限制他人，而不是支持和提升他们。当你用心去寻找和注意那些能给予你更多的人时，神奇的事情就会发生。这就是拥有一种拓展思维而非局限思维的意义所在。"

朱迪思认为，转变思维模式的一个好方法就是按照我在第18课中的建议去做：说话之前，先做深呼吸。接下来要做的，才是她所说的"对话力"中最重要的部分之一：倾听是为了沟通，而不是评判或拒绝。

正如朱迪思告诉我的那样，很多时候，我们倾听的目的是想知道自己接下来要说什么，或者接下来要讲到哪里，或者我们会对对方进行评判（无论是表达出来，还是只在心里想想而已）。另一方面，她建议你开始观察自己如何与他人建立联系。在他们说话的时候观察他们，在他们倾听别人说话的时候观察他们，寻找面部暗示、反应和肢体语言，以此作为切入点，与你从他们那里看到和听到的东西联系起来。不要只关注你自己想说的话。

这才是积极的倾听！它能在你和对方之间建立一种联系，而这种联系对于保持协调一致至关重要。

第三部分　自由式课程

自由式课程就是教你如何对你自己进行设计和创新的课程。它们迫使你创造性地思考自己的独特优势。它们鼓励你绽放你的激情，了解你的价值观，接受差异，并将你的优势和故事与他人联系起来。将"自由状态下的你"想象成团队中的一名运动员：在成长的过程中，你如何通过个人努力和团队合作，最大限度地发挥自己的潜能，让自己和团队（即他人）同时走向成功？

与固定式课程和灵活式课程一样，自由式课程的第一组课程关注的是你的生活（自我修炼），第二组课程关注的是你的工作（职业），每一组课程都有设计师艾莎·贝赛尔（Ayse Birsel）的参与。她曾教导数百万人设计他们喜爱的生活，并为本书创作了插图。固定式课程和灵活式课程的特色是马歇尔教练的评论或延伸阅读经典范例（相关的经典人物和典籍详情），而自由式课程的特色是，其中有六节课，每节课介绍一个年轻有为者的故事，他们是我通过 JA 以及我访问过的学校和讲过课的大学而结识的年轻人。他们讲述了作为有抱负的领导者，他们是如何在现代社会中取得成就的，因为他们就生活在其中。没有比这更现代的了！

每组自由式课程的倒数第二课都是来自世界各地的多位现任和前任 JA 领导和校友的故事，他们反思了这一课对他们生活的影响。最后"自我修炼"和"职场进阶"的最后一课都尊重"你的自由式"理念，要求你写出自己的现代成就课程，帮助你在生活中取得成功，然后给你机会与我们和我们的在线社区分享！

自我修炼

第 21 课　接受自己无知且无经验的事实

第 22 课　创造养精蓄锐的时间

第 23 课　立即行动

第 24 课　接受不同的体验

第 25 课　自由规划你的"自我修炼"

第 21 课
接受自己无知且无经验的事实

当我在奥斯陆参加 JA 董事会会议时，我受邀在 JA 挪威大学生创业竞赛（Ungt Entreprenørskap）中为挪威最佳社会企业家颁奖。获奖公司之一是阿克里达（Akrida），这是一家由挪威大学生经营的公司，致力于通过引入更可持续的昆虫食品来减少碳排放和垃圾。昆虫！在与所有参赛者见面并参观他们的产品时，我有机会品尝了阿克里达公司用蟋蟀制成的零食包。高蛋白食品！仪式结束后，我与阿克里达公司的创始人之一米凯尔·弗洛兰歇根（Mikael Frølandshagen）进行了交谈。他告诉我，他们看到了亚洲以外一个相对不成熟的市场的潜力："50 年前，亚洲以外吃寿司的人并不多，而现在，仅美国的超市每年就能卖出 4000 多万份寿司。"

这个尚未建立的市场捕获了米凯尔和阿克里达公司的每个人。在他们创办公司之前，没有人吃过蟋蟀或任何种类的昆虫，更不用说用昆虫生产面粉或油炸食品了，他们也不知道如何获取这些昆虫。但他们并没有因为对这一新产品类别缺乏了解和经验而气馁。"一旦我们克服了自己的犹豫和偏见，纠正了昆虫是丑陋或恶心的东西的想法，并品尝了一些产品，我们就会感到惊喜。我们认为，如果人们不必直视昆虫，我们就可以销售用昆虫制成的产品，"米凯尔说，"就算从长远来说我们没法把这一切都搞清楚，或者这只是我生活中微不足道的一部分，我也绝不会后悔有这样的经历。现在，我对自己有了更多的了解，也知道自己愿意走多远。"

米凯尔的话让我想起了我在纽约一家时尚杂志暑期实习时的故事，这本书的第 1 课就是从这个故事开始的，当时由于我对食物的无知和缺乏经验，结果在一碗故意放凉了的番茄汤面前出丑了。我正在接受自己在评论美食餐厅方面的经验不足，并通过学习新的东西来充实自己的旅程。

请记住，现代成就本身并不意味着你就得沿着一条单一的、目标明确的、线性的道路去发展事业、找工作、拿薪水。这是一种动态且不断发展的未来规划方法，需要你具备不断提升自我和适应新思想的能力。如果不接受自己一路走来的无知和无经验，你就无法接受这种通往成功的非线性方法。这会让你对自己进行创造性的、与众不同的思考。这会让你开始建立自我意识。这会让你以不同的方式思考你周围的人和你建立的关系。

事实上，一个成就故事就是一场接受自己无知且无经验的事实以推动创新的演练，我的大部分故事都是如此。刚开始创办圈子贷的时候，我对网络借贷一无所知。成为 Covestor 公司的首席执行官时，我对资产管理一无所知。开始在 JA 工作时，我对运营一家全球性非营利组织一无所知。但在每一种情况下，我都相信自己能为组织或行业带来创新的视角。有时，我甚至把自己的无知且无经验称作一种优势，这种优势增强了我对所能取得的成就的乐观态度：我不知道自己做不到什么，所以我相信我可以突破众所周知的极限。

我把这种品质称为"天真无畏"。当你无知且无经验的时候，你就可以大胆一点。创办圈子贷时，我不知道在金融服务领域建立一个新的产品类别需要多少资金，所以我成了圈子贷的传播者，让其他人对个人对个人在线贷款的概念感到兴奋，借助广播、电视、报纸和书籍来谈论圈子贷（其中一本书是由理查德·布兰森介绍的）。在 Covestor 时，我并不知道资产管理是一个由专业投资者组成的封闭俱乐部，所以，我帮助建立并重新定位了一家科技公司，该公司旨在通过在线市场实现投资管理人才的大众化（该公司在 2015 年被收购后更名为 Interactive Advisors）。在 JA，我了解到自己的经验在全球多元化和非营利组织治理方面的局限性，因此，我学习、完善并实施了"固定－灵活－自由"框架，帮助董事会成员和员工了解如何在共同前进的同时，在全球、地区和当地的优先事项之间取得平衡。

"天真无畏"是否有局限性？当然有。生活中的每一课都有它的局限性，尤其是当你超负荷的时候。你不能仅仅因为无知就走在通往成就的非线性道路上,你也不能用无知或无经验作为继续"天真"的借口。在实习时,我在接受任务之前没有做过关于西班牙凉菜汤的研究,这让我显得很死板,根本没想到汤可能是冷的。在圈子贷时,我逐渐认识到,虽然个人对个人借贷的市场潜力巨大,但产品线和价位必须针对每个细分市场量身定制,例如抵押贷款、教育贷款和商业贷款。在 Covestor,我必须与一些经验丰富的人共事,他们会教我有关投资管理、交易执行和在线市场等方面的知识。在 JA 时,我从同事那里学到了很多,对非营利组织结构、志愿服务和捐赠资金的动机,以及不同地区、国家和当地社区的教育重点有了实质性的了解。

但直到我开始写这本书之后,我才明白,接受自己无知且无经验的事实,以及所有的自由式课程,不仅可以**创造我想要的生活**,还可以**设计我喜爱的人生**。

"设计你所喜爱的人生:一步步指导你构建一个有意义的未来"(Design the Life You Love: A Step-by-step Guide to Building a Meaningful Life)是艾莎·贝赛尔的一部著作的标题。艾莎创作了这本书中出现的大部分插图。她是纽约一家创新设计工作室 Birsel+Seck 的联合创始人,Birsel+Seck 是一家屡获殊荣的设计工作室,致力于用简洁、系统思维和人文主义的方法解决生活和工作中的复杂问题。她相信,只要你愿意从新的角度探索人生、积极思考、创造性地改变生活,你就能设计出自己喜欢的人生。对她来说,"设计你的人生"是一种想象你想要的人生的自由式方法论。

根据艾莎的说法,设计是一种解决问题的方法,而设计你的人生就是教你如何解决问题。她说:"这就是商学院思维模式和设计师思维模式的区别。在商学院,老师会教你去做研究,想出一个解决方案,然后付诸实施。在设计学院,老师会教你提出多种解决方案,对各种想法进行排列组合,然后看

艾莎·贝赛尔

看哪个想法可行。你可能会快速制作原型，看看哪些可行，而不需要投入太多。自由式课程就是在解决问题的过程中产生多种解决方案，从各种想法的排列组合中产生多个'你'，然后在不断成长和与他人合作的过程中，从中选择一个'你'继续追求。因为自由式课程既包括个人发挥也包括团队合作。它必须是两者兼具才能奏效。就像一件产品，如果只为满足你的需求而设计，那它就没有价值可言了。"

简而言之，现代成就既关乎生活也关乎工作，既关乎自己也关乎他人。正如艾莎所说："仅仅在工作或智力方面取得成就已经不够了。你需要像设计师考虑产品一样，全面地考虑成就。你还需要从人的情感、身体和精神层面出发，思考什么能让你感到快乐。这就是自由式课程的用武之地。固定式课程和灵活式课程可以帮助你在智力上找到解决方案，但自由式课程最有趣的地方在于，它向你展示了你可以通过一个过程来产生关于你自己的多种想法，而不仅仅是关于你的职业生涯。"

这正是"接受自己无知且无经验的事实"这一课所允许的：探索你想要或可能成为的人，想象你想要的生活，并与他人建立联系。但这不仅需要你接受自己无知且无经验的事实，还要你将所接受的一切结合在一起，才能创造出艾莎所说的"现成的目标"。

在《设计你所喜爱的漫漫人生》（Design the Long Life You Love）一书中，艾莎指出，我们每个人在开始人生时都有现成的目标。对于我们大多数人来说，这种现成的目标是由我们的家庭（我们出身的家庭和我们创造的家庭）、学校、宗教场所、朋友、雇主、同事和其他有影响力的关系共同塑造的。当我们开始在生活中取得更多成就时，这个目标会引导着我们实现自己的众多目标。

作为追求成就的自由式方法的一部分，你应该做的就是利用这个现成的目标来设计一个你热爱的未来。但是，现成的目标并不能永远定义你。当你步入中年时，外界定义的目标是不够的，你的现成的目标或者生活对你的期望会转变为你自己制定的目标或者你对生活的期望。你要通过学习和教学、领导和服务以及坚持自己的信念来创造这种自制的目标。但是，正如艾莎所指出的,"也许实现自制的目标的最有力的工具就是创造力",而这种创造力始于你在年轻时选择如何设计自己的未来(见图7)。

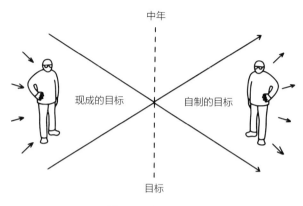

图7 目标的转换

追求任何未来都是一种信仰的飞跃。**在这个世界上,即使你成为领导者,你也会有很多工作和职业,在你开始成就之旅、机会比比皆是的时候,接受自己的无知,为充满新方向和新选择的不确定的未来做好准备**。不断将自己置身于能让你了解自己的环境中,寻找自我设计的可能性,即使向上攀爬和继续前进的选择权不在你的手中,或者前进的步伐没有串成一条线性路径。

当然,你的步伐可能不像我的那样蜿蜒曲折。你可能知道自己想一辈子当医生、当老师、当会计。你可能想要一份工作时间稳定的工作。你可能永远不想当老板。你可能想做不止一份副业,也可能根本不想做任何副业。但在你的成就故事的任何部分,你都有选择和机会去拥抱你自己的"天真无畏",去学习和探索更多关于生活和工作的知识。

正如艾莎的TEDx演讲标题所说:"如果你的人生是你最大的项目,为什么不去设计你的人生呢?"无论你的成就故事向你抛出什么,你都有自由发挥的能力。把你的成就故事想象成你自己的生活和工作之旅的自驾游地图。过去的自驾游路线并不是未来的成就地图。即使你的目标始终如一,但沿途的风景和目的地已经改变,而且还会继续改变。一路上,你会堵车,会绕路,也会有意想不到的障碍和欢乐。你需要遵守道路交通法在这个世界上,即使你成为领导者,你也会有很多工作和职业,在你开始成就之旅、机会比比皆是的时候,接受自己的无知,为充满新方向和新选择的不确定的未来做好准备。

规和所到之地的相关法律。但你仍然可以根据自己的价值观自由决定去哪里，并在整个旅途中不断做出决定。

你可能已经开始规划你的旅程和设计你的人生，这就是为什么艾莎告诉我，如果要重来一次，她会把她的书名改成《重新设计你所喜爱的人生》。我们的生活总是在变化。"自驾游"已经开始了。这就是人生旅途，沿途会有多个站点，而不仅仅是终点站。

年轻有为者的故事

霍华德·梁
"不要让浮躁影响你的探索欲望"

在我12岁之前，我的家族在马来西亚拥有一家钢铁制造企业。后来因为管理不善，公司破产了。我们原来是8个人舒舒服服地住在两所大房子里，现在变成了我们所有人都挤在一所800平方英尺[①]（约74平方米）的小房子里。我看着父母为我们的衣食住行、支付账单和供我们读书而苦苦挣扎。

在那些艰苦的岁月里，是我的母亲把我们拉扯大的。虽然她和许多马来西亚人一样，用物质财富和声望来衡量成功，而我们已经不再拥有物质财富和声望，但她从未让我们放弃。她让我相信，我仍然可以做

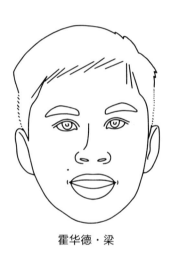

霍华德·梁

任何我想做的事，永远不会让我们失去希望。她给我灌输了乐观主义，让我能够创造自我。

问题是，我妈妈想让我获得她心中认可的那种成功，即财富和声望。那是她给我设想的理想生活。我也想要那些东西，但那不是我现在的理想

---

① 1平方英尺=0.0929平方米。

生活。并不是说我缺乏野心。我曾梦想成为一名神经外科医生（因为在一部关于医生的电视剧里，这看起来很酷），在顶尖学府深造，成为一名《财富》500强企业的CEO。但我也梦想过做社会公益事业，想知道如何才能为非营利世界做出最大贡献。我想尽我所能去学习和追求，即使我没有任何相关经验，也不知道如何去做某件事情，但是，当我看到机会时，我就想去抓住。比如，为JA学生经营的公司建立一个电子商务网站，或者在美国率先推出一个投资应用程序，努力实现价值投资的民主化。

这种追求成就的方式让我的家人对我失去了耐心。但是，妨碍我接受这一教训的不是他们的不耐烦，也不是我的无知和无经验，而是我自己的不耐烦。他们的期望让我更加没有耐心去取得成就并"登上顶峰"。因为我确实害怕落后。

很多时候，当我追求的东西赚不到钱或者只是为了探索机会时，我就会觉得自己处境艰难。我感到自己压力很大，无论做什么，都要不断取得成就。在JA会议上，我必须像"职场达人霍华德"那样让事情发生并产生影响。然后回到家，我就会想，我应该继续走另一条路吗？如果我对成功的渴望不够，会不会错失一些机会？我是不够积极主动吗？我是否应该按照母亲的期望去做？这也是许多高成就者的社会准则吗？获得更多的实习机会？进入大型科技公司、咨询公司或投资银行？我不喜欢投行工作，但很多人鼓励我去那里工作，因为这样我以后的生活就会"更轻松"。

因此，尽管我没有小看自己的成就，但也经常发现自己处于一种为自己的行为找借口或辩护的境地，只是为了让自己感觉好一些。在我的脑海里，在迎合家人及其他人对成就的定义和选择我自己对成就的定义之间，存在着一场战争。我觉得我需要成为所有人心中的英雄，有时我会在这个过程中迷失自我。我努力地取悦每个人，结果却没能取悦任何人。我需要做的是试着更有耐心、脚踏实地，不要因为自己所做的事情而感到自卑。我知道，把所有的成功、目标和成就都堆砌在一起，可能不会让我达到我想要的目标。那只是别人对我的期望。我得先专注于自己想要达到的目标，然后去探索。我不想限制自己，即使要进行自我限制，也得先和自己

"打一场心理战"。

我还学会了为自己辩护,让别人支持我,从而建立了我的自我效能感。就这样,我最终得到了教授和系里的支持,去英国牛津大学参加了为期三周的人工智能项目。由于我童年的经历——当时我们家因毫无根据的指控而破产,因此我认为越来越有必要将经济学与人工智能相结合,以优化决策和结果。虽然我可能不具备先决条件,但我还是递交了申请,并请我的一位教授提供推荐信。他一开始很困惑,但当他读到我的个人陈述时,他明白了这是我进入人工智能领域的机会,而人工智能是一门计算机科学的高级课程。我想告诉大家,学习的路径可以是非线性的,当你追随自己的好奇心去做或学某件事时,你并不需要具备所有的先决条件。

当我的教授问我如何支付学费时,我告诉他,我打两份工,有一些积蓄。他告诉我,如果我被录取,他会赞助1000英镑。这给了我巨大的信心,让我获得了更多的资助。

通过人工智能项目的历练,我现在能够更好地回答经济学中的复杂问题了。如果我不考虑自己的经验,不给自己机会,就不可能做到这一点,这就是我在创建JA马来西亚网上商城(我没有软件工程背景)和投资应用程序(我没有交易经验)时所做的事情。每个人都看到了我的渴望。

因为我很渴望成功。我确实野心勃勃。我只是觉得现在没有必要成为什么人物,也许永远也没有必要。当然,我经常发现自己强调声望和社会地位,并且有一种矛盾的世界观。我很好奇,如果我选择另一条路,生活会是什么样子。这个世界总是存在着矛盾的事实。当选择变得越来越多的时候,当我对自己的人生方向感到最迷茫、最无法掌控的时候,这些时刻就会在我的脑海中变得更加嘈杂。"如果……会怎样"的问题让我感到焦虑。然后,我就开始变得不耐烦了。

但我知道,如果我勇于探索(接受自己无知且无经验的事实),从长远来看,我将取得更多成就,达到许多"巅峰"。我有这种自我效能感。我一直在努力提升自己。我认为成就取决于努力,而不是速度。我可以更快到达目的地,但我会错过什么呢?我相信,只要我愿意,我随时都可以选择成为一名投资银行家。五年或十年后，我想我会嘲笑自己的顾虑，并庆幸自己做了自己认为正确的事。也许我的急躁甚至可以成为一种财富，因为我可以创造自己的成功愿景，还可以推动自己抵抗他人期望的行为。

霍华德·梁（个人主页：howard-leong.github.io）是JA马来西亚分部和JA亚太分部的校友，现在是JA的全球校友大使，负责在世界各地建立新的JA校友分部并加强人际关系网络。他在卡尔加里大学主修经济学，在英国牛津大学学习人工智能和机器学习。他是JA学生经营的有组织的网上市场"JA马来西亚网上商城"的设计师，并因此获得了国际奖项"2021年全球学生奖"。

马歇尔讲堂：学习英雄好榜样

当阿希什为了这本书与艾莎联系上的时候，对我来说那是一个圆满的时刻：如果不是因为她，我可能永远不会遇到他。

2015年，当艾莎推出她的"设计你所喜爱的人生"项目时，她在纽约的第一次外出活动只有6个人报名，她问我是否可以带一些人去。我带了70个人。

如果艾莎因为人多而感到紧张或害怕，我是察觉不到的。但我也知道，与几十个陌生人交谈一个多小时，比与六个人交谈需要更多的人格投射。六个人是一场晚宴，六打人（72人）才是一群观众。所以我决定帮她提升能量水平。我鼓励参与者更大胆地决定下一步要做什么。有一次，其中一名参与者反问我："如果你认为这很容易，你下一步想做什么？"

我的大脑一片空白。

艾莎是个解决问题的高手，她试图帮助我。"让我们从一个简单的问题开始，"她说，"谁是你心目中的英雄？"

这个问题很简单。"艾伦·穆拉利（福特前CEO）、弗朗西斯·赫塞尔本（美国女童子军前CEO）、保罗·赫西（情景领导力的共同创始人）、彼得·德鲁克（现代管理学之父）、鲍勃·坦南鲍姆（加州大学洛杉矶分校教授）、沃伦·本尼斯（著名的领导力专家）、理查德·贝克哈德（世界领先的组织发展顾问），当然还有佛祖。"

"好吧，为什么？"她问。

"嗯，我是个佛教徒。德鲁克晚年成为我的导师，他是20世纪最伟大的管理思想家。"

"好吧，但除了喜欢他们的思想，他们还有什么'英雄之处'呢？"

"他们把自己所知道的一切尽可能地传授给更多的人，这样别人就可以继续传递下去。彼得·德鲁克在2005年以95岁高龄去世，但他的思想却流传了下来。"

"为什么不向你的英雄们学习呢？"

还没等我回答，艾莎就向观众重复了她的"学习英雄好榜样"练习。她让我们写下我们心目中的英雄的名字，以及他们为什么会成为我们心中的英雄，即我们觉得他们最英勇或最值得钦佩的地方是什么。我在我的每个英雄的名字旁边都写着："极其慷慨且伟大的老师。"

然后，艾莎让我们把英雄的名字划掉，写上自己的名字。

我写道："马歇尔·古德史密斯——极其慷慨且伟大的老师。"

"这就是你内心的渴望，成为像你心中的英雄一样极其慷慨且伟大的老师，"艾莎对我说，"这就是你想成为的领导者。"

就在那一刻，艾莎让我意识到，我能做的不仅仅是钦佩这些我心目中的英雄。我还可以采纳他们的思想，以及他们身上我最看重的东西。无论多么微不足道，我都想学习他们给我印象最深刻的地方。我一时还想不明白该怎么做，但艾莎已经播下了种子。这颗种子逐渐长大，于是我"意外"地组建了一个由一群志同道合的人组成的小团体"百位教练社区"，我也因此认识了阿希什。

我们把我们心中的英雄放在高不可攀的神坛上，很少把他们当作可以效仿的榜样。艾莎的练习为我纠正了这个错误。无论你是领导者还是有志成为领导者，她的"学习英雄好榜样"练习都可以帮助你在取得现代成就的过程中找到你自己的价值观，从而成为你想成为的那个人。

如果你一开始在练习中遇到困难，不要担心。艾莎知道这种练习很难。大多数人给出的答案都很标准，不会像我一样思考或谈论自己心中的英雄做了什么，也不会谈论自己为什么崇拜那些英雄。一旦你放手，敞开心扉去做这个练习，答案就会变得个人化，并显示出你最看重的东西是什么。

正如艾莎所说，"一旦我们知道了自己的价值观，我们就能看到我们自己的选择。"但她也指出，当你设计和重新设计你的人生时，你可能需要重复这个练习："我们的价值观不是固定不变的。有些价值观就像诚实或直率的品质一样。但后来情况发生了变化。你结婚成家。你成为领导者。你会搬家，也许搬到一个新的国家。在你改变的过程中，'学习英雄好榜样'练习会让你专注于你最看重的东西，从而继续设计你热爱的人生。价值观是我们的灵感源泉。"

艾莎·贝赛尔的"学习英雄好榜样"练习

- 写下你心中英雄的名字。谁激励了你？
- 写下让你喜爱他们的价值观和美德的简短描述。为什么他们会激励你。
- 划掉他们的名字。
- 在划掉的名字旁边写下你自己的名字。
- 围绕你的所见所闻，开始并持续设计你所喜爱的人生。你要怎么做，才能更像你心中的英雄呢？

第22课
创造养精蓄锐的时间

2007年,理查德·布兰森的维珍集团收购了我六年前创立的个人对个人在线贷款的先驱公司"圈子贷"的控股权,并将公司更名为"维珍理财"。在波士顿科普利广场举行的发布会上,理查德告诉媒体,维珍理财将在该市招聘5000人,这一消息成为头条新闻,在接下来的几周里,简历和电话纷至沓来。随后,我和他开始了媒体之旅,乘坐他的专机飞往纽约,在所有的早间节目上亮相发言。我们赞助了一次乘坐快艇横渡大西洋的旅行,这是一艘99英尺长的帆船,也是世界上最快的游艇之一。理查德还邀请我和我的妻子海伦去内克岛(那是他在维尔京群岛的家),与维珍集团其他业务的领导者共度时光,讨论我们的年度战略目标,并建立彼此的友谊。

事实证明,2007年是出售我的公司并在美国发展一家新的金融服务公司的大好时机。凭借雄厚的资产负债表、独特的产品线和出色的市场营销,我的小公司在收购后迅速发展,在不到一年的时间里增长了两倍。理查德鼓励我们将维珍理财的业务拓展到个人对个人贷款之外,推出维珍品牌的面向大学生的学生贷款、面向创业企业家的商业贷款以及面向首次购房者的抵押贷款。前途一片光明!

第二年,即2008年,情况就不同了。9月,贝尔斯登、雷曼兄弟等金融机构纷纷倒闭。贷款机构冻结了信贷。到2009年底,经济大萧条引发的金融危机蔓延到了英国。政府不得不将英国的银行国有化,包括英国著名的特许银行之一北岩银行。这为维珍集团创造了机会。与其以维珍理财(一家非银行贷款机构)的名义推销维珍品牌的学生贷款或商业贷款,不如收购一家银行,从客户那里收集存款,然后再放贷出去。这比在信贷危机期间试图只出售贷款产品要安全得多，也明智得多。但这意味着，我们需要筹集超过10亿美元的资金，并引入一支由经验丰富的银行家组成的新管理团队，他们要精通收购和运营一家特许银行的流程。

在我转向收购一家银行的过程中，维珍集团的一位高级管理人员问我是否愿意前往英国并在新成立的实体或集团公司总部工作。我考虑过这个问题。但我知道，我该离开了。当时我才30岁出头，我想做点不一样的事情。一想到要放弃这家我建立并经营了8年多的公司，我就感到非常艰难和痛苦。我担心在我离开后，一切都会改变。事实也确实如此。维珍完成了对北岩银行的收购，并在我离职大约一年后彻底关闭了美国业务，以便专注于英国的银行业务。维珍将所有贷款和客户从原来的个人对个人贷款业务转移到一家专业贷款公司，并完全退出了美国抵押贷款业务。维珍撤离后不久，我招募的一位雄心勃勃的年轻销售主管决定成立自己的竞争企业，即"全国家庭抵押贷款公司"，该公司专注于服务圈子贷产品线中利润最高的细分市场。

我在公司的最后一天糟透了。早上我们开了个董事会，下班的时候我就离开了。由于维珍尚未公开其成为一家银行的计划，我无法与同事们分享这一消息，也无法发表演讲，感谢他们与我一起踏上了这段不可思议的旅程。我只是在办公室里转了转，握了握手，尽我所能地表达了我的感激之情，却对未来只字未提。第二天早上，我收到了理查德·布兰森发来的一封感谢信，但我还是迫切地想回到办公室，告诉大家未来会发生什么。

金融危机对我来说是一段疯狂的时光。经历了危机的顶峰时期，我度过了无数个彻夜难眠、充满压力的清晨，为同事们的福祉感到忧心忡忡。我筋疲力尽。我的妻子海伦和我认识的几乎所有人都告诉我，我应该花点时间深呼吸，喘口气并反思一下。但出乎所有了解我的人的意料，我的第一反应是思考下一步该怎么办？

如果你读过"元学习和元思考"（第4课），你就会知道，我兑现了承诺，决定为自己创造一些额外的养精蓄锐时间，在开始探索新事物之前先休息一下。我用休假的前几周时间来反思和探索我擅长什么、我喜欢什么、我一直想做什么以及驱使我的动力是什么。我试图想出一个系统化的方法来看待这些事情。然后，我开始集中精力计划我们全家人的大冒险：在印度逗留六个月。我们已经旅行了一段时间，但当海伦和我与那些带着孩子环游世界的人交谈时，我们真的很兴奋。我们知道这是我们做一些特别事情的完美时刻，因为我们的双胞胎儿子要到秋天才开始上幼儿园。一旦孩子们开始上学，我们就没有机会再进行长时间的旅行了。所以我们充分利用了这个机会。

这次旅行和我们想象的完全一样。

在这一年里，我的养精蓄锐时间推动了我的事业向前发展，让我有机会好好学习和充电。如果没有这段养精蓄锐的时间，我可能不会取得成功，也许这话说得有些夸张，但我肯定不会那么享受和理解这个取得成功的过程，可能永远也写不出这本书。这并不是说我不知道如何反思，也不是说我的养精蓄锐时间都用来反思和元学习了。我现在意识到，这种力量不仅在于我的养精蓄锐时间有多少，也不仅在于我如何使用这些时间，还在于我创造了这些时间，而且是有意识的、有目的的，也是我全身心投入的，无论我拥有的是几分钟还是几个月，都是值得的。

我们常常把养精蓄锐的时间与专注力和生产力混为一谈。关于使用老式沙漏或厨房计时器进行时间管理以减少分心、完成任务和了解特定任务可能需要多长时间的故事比比皆是。其中最著名的是弗朗西斯科·西里洛（Francesco Cirillo）的"番茄工作法"（Pomodoro Technique），即专注工作长达30分钟，然后休息5分钟或更长时间，这取决于你重复工作的次数。集中精力直到计时器熄灭，然后休息，并重复这个过程。它之所以叫"番茄工作法"，是因为西里洛是意大利人，他使用的厨房计时器看起来像一个番茄（"番茄"的意大利语是pomodoro）。

我喜欢这种集中精力完成工作的技巧，但养精蓄锐时间的意义远不止是完成工作，也不仅仅是进行元学习和反思。在我职业生涯的起步阶段，我用该技巧来为我最重要的人际关系腾出时间，比如，在大学毕业后，当我和海伦的职业生涯让我们相隔万里时，我优先考虑每两个月与海伦见一次面。我用该技巧来记录我想要实现的目标。如今，我又用它来提出我的"每日一问"（见第3课），或者洗个长长的澡，让我的思想得到休息，让我的心灵自由驰骋，从而激发我的创新、创意和好奇心。

你可能会发现，凝视大海或湖泊，或者在公园或其他自然景观中散步，也会产生同样的效果。挤出养精蓄锐的时间是对自己的一种投资，不仅是考虑自己的过去、未来和可能做的事情，而且是考虑自己如何在心理、情感和精神上关爱自己，以设计自己所爱的未来。做到这一点，你不需要几个月、几天，甚至几个小时。**即使你每天抽出几分钟的时间静静地待着，你也是在有意识地利用你的时间，让创造养精蓄锐的时间成为一种有益于你身心健康的习惯。**

我们大多数人在高中或大学之后就没有机会这样做了。在那段时间，你有很多机会去创造养精蓄锐的时间、探索不同学科的课程，参加社团或学生会，做志愿者，尝试不同的新事物，甚至新的身份。你可以选择在自己感兴趣的领域实习，为自己的职业生涯做准备，或者只是为了探索自己可能感兴趣的领域。你也可以选择间隔年（gap year）来创造自己的养精蓄锐时间。大学前后以及职业生涯中的间隔年现在已经司空见惯，无需任何理由，尤其在间隔年是为了你的心理健康和幸福的情况下。

当然，并不是每个人都能负担得起一整年的假期，所以，在你开始职业生涯的时候，你可以利用两份工作之间的过渡阶段来创造一点养精蓄锐的时间，而不仅仅是寻找或跳槽到下一份工作。把这段时间想象成运动员的休赛期。你可以把你的"休赛期"看作"给你的大脑放个假"，比如，放松一下、远离工作、缓解压力，或者，变得些许茫然，以便启动你的创造力和好奇心。你也可以把"休赛期"看作一个机会，投资一些你成长需要的教育或技能。如果你干一份工作已经有一段时间了，并且没有打算离开或不想离职，你仍然可以要求有时间去学习、探索、减压、开阔思路，甚至从事副业。如果你已经赢得了要求做这些事情的权利，如果你的老板或雇主知道这对你有多重要，如果他们认为这有助于留住一名有价值的员工，那么，他们灵活变通的智慧会让你大吃一惊。

即使你每天抽出几分钟的时间静静地待着,你也是在有意识地利用你的时间,让创造养精蓄锐的时间成为一种有益于你身心健康的习惯。

再次强调,关键是创造养精蓄锐的时间,让你能够持续地、在需要的时候或有机会的时候增强自己的能力,并照顾好自己。

年轻有为者的故事

玛雅·雷乔拉
"为了养精蓄锐,自私一点也无妨"

我是一个成就很高的年轻女孩。在我 15 岁时,我已经是英国的优等生,正在攻读高级水平的资格证书(即 A 级),并且还为参加奥运会羽毛球项目进行训练。后来,我被诊断出患有溃疡性结肠炎,这是一种无法治愈的肠易激综合征。我忍受着身体、情感和精神上的痛苦,每天要吃六七十片药,还要上几十次厕所。有时还会带血。这简直是非人的折磨。

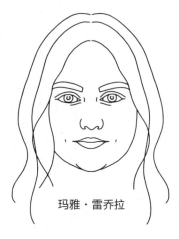

玛雅·雷乔拉

我本可以把结肠切除,但我拒绝了。我仍然想赢,实现我一直为之奋斗的目标。我完成了 A 级课程,但大部分时间都是在医院度过的,因为我无法行走。我渐渐失去了希望。

在一次住院期间,一位护士问我:"如果你不在这里,你会做什么?"我对她说,她太无礼了,让她滚出我的病房。但后来我又想了想她的问题。我知道答案是什么,我想重新走路。我每天都在心里排练着自己走路的样子。我立刻意识到有些东西起作用了,因为我感觉到了一丝希望。然后,我把注意力集中在我的疼痛上。我把这种疼痛形容为肠子里有食人鱼,于是我发挥想象力,用意念冲进去把它们全部杀死了。然后我转向我的身体。我学会了如何重新走路,首先在心里排练每一步:在我的病房里,然后是医院的走廊,然后是户外,然后是远足,然后是奔跑。

当时我并不知道,其实我是在练习"可视化技术"。我当时还没有读过大卫·汉密尔顿（David Hamilton）等人的著作《预见疗愈》（*How Your Mind Can Heal Your Body*），不知道可视化通常被用于医学领域，无论是癌症患者还是中风患者，都可以通过可视化来改变他们的心态，使他们的大脑和身体发生变化，就像我用可视化来控制疼痛一样。

注意，我说的是控制，不是治愈。我改变了身体的化学反应和思维方式，但我仍然身患不治之症。在柏林的JA总决赛上登台表演的时候，我真的尿裤子了。由于身体不适，我不能直接上大学。我永远也不会在奥运会上打羽毛球。但我坚持可视化，最终考上了大学，在那里我学习了设计思维和系统方法，学习了可视化背后的神经科学以及情绪、压力和疾病之间的联系，并开始创建和经营自己的公司，致力于帮助别人实现可视化技术。

简而言之，可视化拯救了我的生活，我想帮助别人学习这项技术，并将其作为心理健康常规训练的一部分。我希望他们像去健身房锻炼身体一样训练自己的思想。我将与大家分享我的可视化练习是如何演变的，以及自从我住院以来我是如何变得更加有意识的。我使用可视化不只是为了保持健康，更是为了挖掘我的潜能。我将可视化用于推销、商业演讲、结果可视化、过程可视化和创造性思维。如果我能在脑海中看到并感受到什么，我就能让它成为现实。

和我一起工作的人中很少有人像我一样患有慢性疾病，但他们同样承受着追求成就的压力。他们可能还不知道，这种压力正在让他们生病。有时压力也会让我感到不舒服。这个世界让我很难每天都能挤出养精蓄锐的时间来实现我的可视化练习，以及从更大的层面上来维护自己的心理健康。从经营我的生意，到陪伴我爱的人和依赖我的人，有太多的干扰和要求占用了我的时间。我并没有放弃追求卓越的精神世界，我拥有和15岁时一样的动力、热情和激情。有时候，我别无选择，只能"开足马力"，屡创佳绩。

还不错。我只是学会了将自我价值与所做的事情分离开来，并平衡工作表现和身心健康。我从周围的人那里汲取了继续前进所需的额外能量。

但我总是问自己：我正在做些什么来达到平衡？我周围都是些什么人或什么东西在耗费我的精力，而又有哪些人或什么东西在给我注入能量？我是如何休息的，而不是让生产力焦虑驱使我不断地工作？

这就是为什么我说，为了养精蓄锐，自私一点也无妨。我觉得很多人都不知道为何要或如何养精蓄锐，也就是保护自己的时间和精力。为自己挤出点休息的时间并不是难事，直接拒绝别人就可以了。有时我确实有时间，但没有精力与人交往。这时我也需要拒绝别人。这些"你我的时间"界限从来都不容易划定，而且常常让人感到不舒服。有些人认为这是针对个人的，但在我看来，这是针对我自己的。

事实上，我已经明白，偶尔自私一点，合理安排自己的时间和精力，对于无私奉献来说是至关重要的，因为如果我连自己都照顾不好，那对任何人都没有好处。这次养精蓄锐的时间远远超出了我的日常想象。我利用这段时间来"和自己约会"，但也会去探望家人、投入一段感情、治愈伤痛、学习新的东西，但绝不是为了逃避处理事情。

当我养精蓄锐时，我一定会告诉别人发生了什么，我需要消失一段时间。我不会为自己辩解，我只是让他们知道，这段时间我不会经常打电话或外出。我明白了孤独和寂寞不是一回事，就像活动和行动不是一回事一样。如果我们单独出门，老师们就会觉得不对劲。但我们不需要总是和别人一起玩。我们需要独处的时间，而不是陷入错失恐惧症（简称FOMO，即认为在你独处的时候，别人玩得更开心、生活得更好或经历了更多有趣的事情）。我选择用快乐取代恐惧，拥抱错失的快乐（简称JOMO，指不忙于参与社交活动而获得的自在）。生活中的每件事都有机会成本。比起恐惧，我更喜欢快乐。

我发现，把我们每个人都想象成运动员是很有帮助的。运动员明白巅峰表现和保持健康之间的复杂平衡。他们知道，训练心智或积极休息并不是对工作的奖励，而是工作的一部分。我们可以也需要将同样的原则应用到我们的生活和事业中。我们积极主动，保持敏捷，未雨绸缪！

作为"重塑心理健康"（Remap Mental Fitness）的 CEO 和创始人，玛雅·雷乔拉（个人主页：mayaraichoora.co）的使命是让注重心理健康和注重身体健康一样普遍，并通过可视化的力量帮助职场人士实现心理健康。她主办心理健康活动，为个人提供辅导，在全球发表演讲，并与耐克、乐高和巴克莱银行等全球品牌合作。她还发表了 TEDx 演讲，标题为《敢于打造自己值得拥有的未来》（Dare to build the future you deserve）。

马歇尔讲堂：六秒练出六块腹肌？世上没有速效药

一个周六的早上，我在切换频道时看到了许多关于塑身的广告或宣传片，这令我大吃一惊。其中一则广告宣称"六秒练出六块腹肌"。另一则广告则是"告别松弛，练就六块性感腹肌"。我个人最喜欢的那则广告声称，只需两节三分钟的课程，就能达到"明显的塑身效果"！这些广告都在大肆宣扬产品或项目是多么不可思议，"顾客"称其为"奇迹"。一位发言人宣称："感觉棒极了！让我们向您展示健美是多么简单的事！"

如果你想知道为什么这么多目标设定者都没有成为目标实现者，你可以翻阅大量关于目标的启发性学术研究，也可以花 15 分钟看看这些广告。我们怎么会有如此疯狂的想法，认为健身应该是一件简单快捷的事情？我们为什么会认为健身几乎不需要任何成本？我们为什么会惊讶于锻炼是一件费力的事情，而健康的食物并不总是那么好吃？

我一直都能看到这种妄想思维的影响。就拿玛丽来说吧，她是一位负责人力资源的执行副总裁，曾向我咨询一份工作。她正在处理公司收购了另一家公司后的人员和系统整合问题。她的 CEO 听到了一些关于她公司的首席信息官（CIO）的严重抱怨。

"这位 CIO 今年 56 岁，经验丰富。公司里没有其他人能与之匹敌。不幸的是，他希望一切都按他的方式来，"玛丽抱怨道，"在我们收购的公司里，有一些很聪明的人，他们有自己的想法。包括新任首席运营官在内的几位高管都对我们的 CIO 表示担忧。这位 CEO 希望现在就解决这个问题！"

玛丽告诉我，CEO希望看到CIO在几个月内发生巨大的变化，并建议她聘请一位高管教练。但她知道这位CIO很忙，而且没有耐心。他不会和一个会浪费他宝贵时间的教练合作。

"你觉得你能帮助我们吗？"她问，"你什么时候可以开始指导我们的CIO？"

玛丽想要的是相当于"六秒练出六块腹肌"的教练：立即改变这位CIO！但这不是周六早上的电视节目，也没有什么"奇迹"。我指出，这位CIO已经56岁了。他的行为习惯是多年养成的，不会在两天、两周、两个月内消失。在接下来的一年里，这位CIO将被各种相互竞争的目标轰炸，这将分散他对改变自己的努力。他需要认识到，任何形式的持续发展和改变，尤其是领导力发展，都是一个终身的过程，无论你多大年纪，都需要坚持不懈的努力。为了在短期内"看起来不错"而暂时改变行为，如果不长期坚持下去，只会导致玩世不恭的结果。

如果这位CIO有兴趣投入时间，并努力工作，将他的改变作为一个高度优先的目标，并在收购后和职业生涯的其余时间里保持他已改变的行为方式，那么，我可以帮助他。否则，雇用我可能会浪费大家的时间。

我们都会设定目标，让生活的某些方面变得更好。但很多时候，这些目标并没有实现。我帮助人们做出的改变通常都非常简单。然而，这些改变绝非易事。就像节食和锻炼一样，为了改变行为，你必须付出努力，克服实现目标的四大挑战。

1. 时间。我已经很忙了，没有时间或腾不出时间来做日程表上的小事。我怎样才能有时间或挤出时间来实现重大改变呢？

2. 努力。我所做的很多事情已经很辛苦了。为什么还要去改变？尤其是，如果我已经取得成功，还有必要去改变吗？

3. 竞争性的目标。我被这么多紧急的事情吞噬。这件事我以后再抽空去考虑。

4. 保持。我需要的是事情能有所改观，并保持下去。我该怎么办？一辈子都在努力改变吗？

这些都是创造养精蓄锐的时间的障碍。要实现有意义的目标或创造养精蓄锐的时间，你必须付出代价，而这一切都要从你自己做起。如果你想投资创造一个更好的自己，在未来成为一个更好的人、更好的专业人士和更好的领导者，那就照照镜子吧，不仅要看看你的样子，还要想想你是谁。如果你不想或不认为自己需要变得更好，那么，没有任何产品、饮食、锻炼计划，也没有任何书籍或高管教练（我不想承认）能让你变得更好。只有你自己才能让自己变得更好。

　　如果你的动力不是源自于你的内心，你就不会坚持下去，也就完成不了任务。如果你相信六秒练出六块腹肌的奇迹，这对你来说是个坏消息，但如果你正在为真正的改变和成就而努力奋斗，这对你来说是个好消息！

第23课
立即行动

多年来，我一直在马萨诸塞州巴布森学院做客座讲师，担任顾问委员会委员，并参加各种活动。我喜欢这个地方的氛围。巴布森学院并没有将创业教育作为一门单独的课程教授给学生，而是尝试将创业精神融入到所有的学术部门中，并挑战从英语到数据科学的各个学科的教师，将"行动导向"的理念引入学生的课程中。巴布森学院认识到，在一个瞬息万变的世界里，倾向于行动和迭代而不是深思熟虑和陷入僵局的思维模式，对于你的成功是必要的。

我们在设计自己的未来时，都会纠结于这种思维模式。

想象一下，你正在设计一款产品。你已经想象出了产品的样子，但你没有开始设计、构建和测试你的产品版本，并不断迭代以取得成功，而是陷入了思考规划、避免错误、预测你认为即将发生的事情，以及考虑将你的产品推向市场所涉及的所有相关因素。当你的过度思考持续下去时，对未来的未知的持续担忧和恐惧将消耗着你，它们会阻碍你专注于启动产品所需做的事情。

现在想象一下，你正在设计的产品就是你自己。不管你设想了什么场景，也不管你计划得有多好，世界都在飞速发展，未来变得越来越不确定。根据世界经济论坛的《未来就业报告》，在未来五年内，当今23%的工作岗位和44%的工人核心技能将发生变化。你不能只顾着担心可能发生的事情，或者只考虑充满未知的未来。你需要现在就行动起来，设计、打造和测试你的版本，并将其推向世界。当然，在这个过程中，你会犯错和出现失误。但是，在这个过程中，你学到的远远不止这些。你将建立起不断迭代以获得成功所需的韧性和信心。

你要"边做边学",从而建立自我效能感。

在本书中,我引用了马歇尔的一句话:"自我效能感源于个人责任。"现在正是承担这种责任的最佳时机。**那么,是什么阻止了你采取行动导向型方式来讲述你的成就故事,并在实践中学习经验教训呢?** 答案就是你自己(就像这些关于现代成就的课程中的许多问题的答案一样)。具体来说,就是恐惧感和所有与面对和克服障碍和挫折相关的负面情绪。设计你喜欢的未来需要行动,即使这个行动会让你不舒服。

我们都会把与消极情绪有关的事情放在一边,而不是期待通过努力、探索和成就感带来的积极情绪。情绪主宰着我们的行为,研究(和经验)表明,我们天生就爱回避困难或让我们感到不适或痛苦的事情。比起让我们感到不舒服的对抗(与困难做斗争),我们更喜欢安全(逃避困难),这能让我们感到舒适。

由于来自家庭、朋友或其他权威人士的压力,或者仅仅是自我强加的信念,消极情绪是许多年轻人陷入思考其成就故事结局的一个重要原因。 与其现在就冒险探索其他可能性、机会和自己喜欢的事情,或者检验自己的假设,不如回避困难的对话,做他们认为必须做的或别人告诉他们要做的事情,这样对抗性小得多,也安全得多。他们最好把这些都屏蔽掉,专注于走一条职业道路,比如工程师、医生、银行家,以获得某种程度的长期成功。但如果未来不确定,或者你觉得不真实,那么,这条路又有什么用呢?

关于消极情绪的研究还延伸到了拖延症问题上。我们天生爱拖延,总是避免做那些让我们不舒服的事情,而倾向于做那些能给我们带来快乐的事情或更容易完成的待办事项。例如,卡尔加里大学激励心理学教授、《战拖行动:四大方法告别拖延》(*The Procrastination Equation: How to Stop Putting Things Off and Start Getting Stuff Done*)一书的作者皮尔斯·斯蒂尔(Piers Steel)博士的研究表明,拖延与其说与懒惰有关,不如说与你的情绪有关。

与其躲避消极情绪,不如利用你所感受到的这些情绪的力量,并将其由于来自家庭、朋友或其他权威人士的压力，或者仅仅是自我强加的信念，消极情绪是许多年轻人陷入思考其成就故事结局的一个重要原因。

转化为生产力和积极性。当我们通过积极的思考来控制情绪的时候，我们不仅能有效地排除干扰、壁垒和其他影响我们专注力的障碍（第14课），还能吸引人们来到我们身边。

考虑一下如何把愤怒作为一种情绪来处理，把一些看似消极的事情变成有益的事情。"阿希什，当人们搞砸事情的时候，你需要对他们生气！""你这个时候怎么还能保持冷静呢！"这些话我听过太多次了，数都数不过来，但表达的都是生气的必要性。没有人需要愤怒情绪，尤其是在紧急、重要、紧张的情况下，真没必要生气。在这个"末日刷屏"的时代，我们很容易掉进消极情绪的"兔子洞"。我当然会感到愤怒，但如何表现愤怒是我的选择，我尽力选择一种更平静的方式。我并不是说愤怒是没有道理的。心理学家会告诉你，在某些情况下，尤其是在短期内，愤怒可以成为一种有效的动力。有时候，愤怒只是我们恐惧的一种表现。无论哪种情况，愤怒的长期影响都会对自己和他人造成伤害。愤怒就像任何情绪一样，最好的办法不是否认它，而是理解它、掌控它，并利用它的力量，将它的能量转化为行动、创意、解决方案，从而为自己和他人带来成功。

你甚至可以把这种掌控力变成你最大的优势之一，就像我见过的最注重行动的人之一比尔·施瓦贝尔（Bill Schwabel）一样。在美国陆军当了4年上尉后，比尔在以生产剃须刀闻名的吉列公司工作了近20年，他周游世界，为公司建立国际业务和联盟。比尔开玩笑说，他每天早上在他的竞争对手吃早饭之前就已经犯下五个错误了，但他发现，他愿意接受这些错误的态度实际上是他的竞争优势之一，这就是乐于行动的好处。这种行动意愿帮助比尔在离开吉列公司后成功创建了30多家企业。

在加入JA全球理事会之前，比尔在大波士顿分部的董事会任职多年。他鼓励我在执行我们的全球战略时加快步伐，尤其是在与其他组织建立合作伙伴关系方面要快马加鞭。对于像JA这样的大型组织来说，我们自然倾向于规避失败的风险，待在自己的舒适区里。每次我们共进午餐（饭后一定要吃冰激凌圣代），比尔都会催促我更快更努力地工作，建立合作关系，推动JA的现代化进程。即使本组织的其他部门尚未做好变革的准备,其中一些合作关系也不会奏效,但比尔知道,与其他组织在全球范围内合作,建立新的能力,推进我们的使命,这一切都始于我的行动意愿。

年轻有为者的故事

哈什·沙赫
"无所畏惧地为自己代言"

2016年,我加入了一个志同道合的高中生群体,他们热衷于抵制酗酒和终结酒驾行为。当时,加拿大的新闻中已经出现了几起备受瞩目的酒驾案件,我们中的一些人也深受其害。我们想要找到一种方法来改变人们的行为,并有所作为。与拯救生命相比,赚钱是次要的。我们一起想到的点子是"唾液测试条",这是一种基于唾液的血液酒精含量指示器,可以谨慎地告诉一个人是否超过了法定酒精上限,不应该开车。最终,我成为这家公司的总裁。

哈什·沙赫

在JA,我学会了如何创建、运营和组织一家企业。但"唾液测试条"把我的教育提升到了另一个高度。我们被顶尖大学的孵化器录取了。此前,我在高二和高三暑假的大部分时间都早早起床,前往多伦多市中心与我们的团队一起制订商业计划,与潜在客户洽谈,并为2017年的上市开发产品和创建网站。当我们真正启动时,媒体给予了极大的关注,包括警方在内的许多组织也给予了大力支持。

在为"唾液测试条"做这一切的同时,我也在为上大学做准备,并决定申请JA颁发的全加拿大最负盛名的奖项:彼得·曼斯布里奇(Peter Mansbridge)积极变革奖学金。这有点像登月一样遥不可及,全加拿大每年只有一名学生获得该奖项。最后却"花落我家"。我应邀在JA加拿大分部的"商界名人堂晚会"上发言,我就坐在阿希什旁边。我以前从未见过他，我利用这个机会结识了他，并问他我们是否可以保持联系。正如你们从第9课所知道的，阿希什现在是我最有影响力的导师之一，我努力成为他所说的"好徒弟"。

今天，我意识到的是，如果我不愿意"无所畏惧地为自己代言"（即使这样做会让我有点不舒服），我可能永远不会站出来帮助我们把创业的想法变成现实，也不会申请奖学金，更不敢询问阿希什我们是否可以保持联系。

我利用这些机会拓宽了自己的视野，这让我能够反思我原本不会有的新体验。与导师的对话使我能够重新评估我的决策标准，并确保我的决策与我的目标协调一致。这让我对自己的决策感到欣慰，我决定在投资银行开始我的职业生涯，并追求我的目标，即帮助欠发达国家建设关键基础设施，以及改善互联网、清洁能源、净化水源和普及教育。

我继续承担风险，并与任何可以帮助我在专业上实现这一目标并发展自我的人建立关系。当机会来临时，我一定会去争取这些关系。例如，我开始在投资银行工作的第一周，我就安排与数字基础设施团队的一位副总裁共进午餐，告诉他我想在某个时候到他的团队工作，并解释了原因。我不怕被拒绝，我的态度恭敬，请求真诚。他欣然接受，当有机会让一个优秀的人加入他的团队时，他选择了我。如果我不挺身而出，不提出请求，不愿意站出来为自己代言，等待而不立即行动，这一切就永远不会发生。

在阿希什开始写这本书之前，我和他的最后一次谈话就是这么做的。我告诉他，我加入了世界银行的数字基础设施团队，并想起了他曾经在世界银行工作，在攻读博士期间做过一些关于私有化和公私合作模式的影响的研究。我问他对想在这一领域发展的人有什么建议。然后他告诉我，他在一家顶级基金担任职务，该基金在全球范围内投资基础设施项目。他知道我不会坐等这个机会，鉴于我年轻又缺乏经验，他就如何接近该基金会给出了一些建议。

我非常感谢这样的时刻，但我也知道，如果我不继续做好工作，回报他人对我的信任，这样的时刻就永远不会到来。我无所畏惧并不意味着我可以自私。我觉得自己没有什么权利要求什么，我总是尽可能地回馈他人。我从来不是全场嗓门最大的那个人。我努力倾听并与他人合作。我总是心怀感激，努力帮助他人，就像帮助自己一样无所畏惧。因为每一段关系都很重要。我会一如既往地追求卓越，抓住机遇，确保自己能被他人铭记在心。

哈什·沙赫（个人主页：linkedin.com/in/harsh-shah-637158112/）是纽约数字桥公司（DigitalBridge）的合伙人，数字桥是一家致力于投资数字基础设施的全球另类资产管理公司。之前，他曾在华利安诺基公司（Houlihan Lokey）担任投资银行分析师，哈什·沙赫是2017年彼得·曼斯布里奇积极变革奖学金的得主，还曾被评为"加拿大未来150人"之一。他毕业于韦士敦大学毅伟商学院（Ivey Business School），并获得学士学位。

马歇尔讲堂：棉花糖的诱惑！丰盈人生的延迟满足成本

26岁那年，我去"帝国王朝餐厅"吃饭，这是加利福尼亚的一家顶级餐厅，墙上挂满了各行各业重要名人的照片和赞誉。其中有一张引起了我的注意。上面写着："这家餐厅非常棒，如果墙上有您的签名贴，那不是对餐厅的赞誉，而是对您的赞誉。"我对自己说："我要成为这家餐厅的一分子。"不是登上它的墙壁，而是成为我读到的那段文字的化身。今天，如果"帝国王朝餐厅"得以幸存，我将赢得这样的称赞。如果你认可我的书，比如《丰盈人生：活出你的极致》，或者加入我的教练团队，那么，我也有我自己的"墙"，上面都是认可我作品的特殊人士，他们曾经帮助并将继续帮助我取得更多成就、学到更多知识，做一些史诗般的大事。

要做史诗般的大事，你需要无所畏惧地追求目标，有时要同时追求多个目标，而且往往是朝着不同的方向。为了实现这些目标，你需要付出代价，但在任何事情上都过于激进地延迟满足也会带来不良后果。有时，你应该即时满足自己吃棉花糖的愿望。

让我来解释一下。

20世纪60年代末,斯坦福大学心理学家沃尔特·米歇尔(Walter Mischel)对该校的必应幼儿园(Bing Nursery School)学龄前儿童进行了著名的"棉花糖研究"。孩子们被带到一个房间,独自坐在一张桌子旁,面对着棉花糖和铃铛。研究人员告诉他们,他们可以随时吃棉花糖。如果他们按铃,研究人员就会回来,棉花糖就归研究人员了。研究人员还告诉他们,如果他们等待一段时间(最长20分钟),直到研究人员回来再吃棉花糖,他们就可以吃两块棉花糖。这是在即时满足和延迟满足之间的一个生动的选择。

几年后对这些孩子的跟踪研究让米歇尔得出结论:等待两块棉花糖的孩子SAT成绩更高、教育成就更好、体重指数更低。他在《棉花糖实验:自控力养成圣经》(*The Marshmallow Test: Why Self-Control Is the Engine of Success*)一书中记录了这一切。这本书让这项实验成为关于人类行为的罕见实验室研究之一,并成为一种文化象征。

当然,后来的研究对米歇尔实验的合理性提出了质疑。与父母受教育程度较低的低收入家庭的孩子相比,斯坦福大学社区中父母受教育程度较高的富裕家庭的孩子更有可能在延迟满足所带来的回报更明显的环境中长大。富裕家庭的孩子也更有可能相信权威人士(研究人员)会提供奖励。

尽管如此,该实验的潜在前提还是合理的:要想在何时付出代价和何时放弃方面做出更明智的选择,我们最重要的是必须解决延迟满足和即时满足之间的矛盾。广义上说,延迟满足意味着为了以后更大且更有意义的奖励,抵制现在较小却令人愉快的奖励。许多心理学文献都推崇延迟满足,并将其与我们所认为的"成就"联系起来。因此,我们不断受到"牺牲眼前的快乐来换取长远成果"的美德的无情轰炸。

在我的字典里,"付出代价"是延迟满足的同义词,"不付出代价"是即时满足的同义词。它们都与自控力有关,而我们中的许多人在起床的那一刻就面临着两者之间的选择。

比如说,你想早起,在上班前锻炼身体。当闹钟响起时,你会停顿一下，因为你受到了"躺在床上多睡一会儿"的即时满足的诱惑。你既要权衡起床对健身的益处，也要权衡在开始一天的生活时，因意图落空、意志和目标的失败而带来的精神痛苦。现在是早餐时间：你是选择吃燕麦片加水果，还是诱人的鸡蛋、培根和烤面包？接下来是工作时间：你是用第一个小时来处理待办事项清单上最难处理的事项（而这将耗费你一天的大部分时间），还是清理办公桌上一些比较容易处理的事项（让你体会到已完成部分任务的成就感）？

选择才刚刚开始，现在还不到上午九点半。

在我看来，在你的成年生活中，只有两个时候，即时满足不会成为折磨你灵魂的选择。第一个是你刚刚开始工作的时候。你感觉不到时间的流逝，因此你可以随意挥霍时间和所有资源，因为你有时间来弥补失去的一切。"付出代价"是可以推迟到"以后"某个时候的，不管这个"以后"意味着什么。

第二个是在晚年，当"现在的你"和"未来的你"之间的差距缩小的时候。到了一定的年龄，你就会成为你想成为的那个人，或者，如果不是的话，请接受你实际上已经成为的样子。你可以理所当然地觉得自己已经付出了足够的代价，应该享受一下，无论多么短暂，都要让自己好好放松一下。这就是棉花糖的诱惑！所以，你把筹码兑换成现金，预定了昂贵的旅行，自愿慷慨地奉上你的时间，毫无愧疚地享用那一大份冰激凌。

在这之间的许多年里，你将不断被迫选择延迟满足。这就是为什么体验延迟满足的能力是过上丰盈人生的决定性因素，也许是比智力更可靠的预测因素。

归根结底，付出代价的最有说服力的理由是，每当你为了某样东西而舍弃另一样东西时，你都会不由自主地感到失落，甚至更看重被舍弃的那样东西。为自己的生活增添价值是一个值得争取的目标，而付出代价会让人感觉良好。如果你尽了最大的努力，失败并不可耻，也不会有什么遗憾。记住，遗憾是你没有付出代价而付出的代价。

这就是为什么我喜欢在更大的层面上思考棉花糖实验。试想一下，如果这项研究延长到第二块棉花糖之后，会怎样呢？当这个孩子按要求等待几分钟后得到了第二块棉花糖，但被告知："如果你再等一会儿，你就会得到第三块棉花糖！"然后是第四块棉花糖，第五块棉花糖……第一百块棉花糖。

按照这个逻辑，延迟满足的终极大师应该是一个老人，身边堆满了成千上万块过期的、没吃过的棉花糖。谁想成为那样的人呢？

我经常对我的教练客户提出关于棉花糖的警示。有时，他们忙于为未来做出牺牲，却忘记了享受现在的生活。我给他们的建议也是给你们的建议：有些时候，你们应该吃棉花糖。

所以，当棉花糖召唤你的时候，尤其是当棉花糖让你在付出代价的同时体验到快乐，让你去探索自己一直想要探索的东西，或者做一些史诗般的大事情时，请按铃吃糖。现在就去做吧，哪怕只是为了感受或找回那种即时满足的快感。不要等到晚年瞥见死亡的曙光时才幡然醒悟。

第 24 课
接受不同的体验

在华盛顿世界银行工作期间,我还在多伦多大学教授一门名为"公私合作模式"的课程。这门课的一个核心重点是学习用户费与税收的影响。两者的区别在于:当你纳税时,你是在为地方、地区和国家的服务付费,这些服务惠及每个人;当你支付用户费时,你是在为提供给你的特定服务付费,这就改变了你的期望。例如,你对你使用的道路和高速公路的清洁度、便利性和维护寄予了期望,但你不会在驶出车道时说:"希望这是一条好路、快路,值得我走一趟。"但如果你为使用特定的公路或道路而支付通行费,你就会有这样的期望,因为通行费是你为使用特定道路而直接支付的费用;而其他道路的费用则是你的(以及所有人的)税收的一部分。

我本可以直接在白板上列出这些以及其他关于用户费和税收的例子。但我又有了新的想法。为了帮助我的学生理解这一点:如果他们自掏腰包支付课程费用(用户费),而不是将其作为由学费(税收)资助的所有服务的一部分,他们的期望会有多大的不同,我说服学校允许我进行一项实验。只有在学期结束时,学生们发现了这门课程的价值,并对我的教学所提供的服务感到满意,他们才会为这门课程支付学费。唯一的条件是,如果他们选择不支付学费,他们必须以详细信件的形式解释他们拒绝付费的原因。

我的学生和学校里的其他人,以及几乎所有知道我在做什么的人,他们都以一种奇怪的眼神看着我,好像这是他们听过的最稀奇古怪的事,貌似这让我成了校园里的"怪诞名人"。最后,这种冒险得到了回报:学生们觉得我实现了他们对这门课的预期价值,他们为我的课程买单,并把这门课排在了那学期全校最佳课程之列。

这些年来，我曾多次反思自己在该课程中的所作所为。其中一些原因是我致力于实践体验式学习（边学边做）；有些是我想让我的学生以一种他们永远不会忘记的方式学习这门课程；有些是因为我想让学生在学习中发挥主观能动性，让他们的成功与我及我的利益息息相关。我的"利益捆绑"模式是我的教授们从未有过的教学风格。

但这一切都是因为我愿意接受不同的体验，为了更大的目标而接受并不熟悉的东西。

"你如何接受不同的体验"与**"是什么让你与众不同"**不是同一个问题，后者问的是"是什么让你脱颖而出"，或者"为什么你能比其他拥有相似技能、经验和成就的人做得更好"。而**"你如何接受不同的体验"**则是在问你如何体验不同的学习过程。

在你所做的每件事上（而不仅仅是在你的工作上）接受不同的体验，这能让你更好地了解自己、他人和你周围的世界。拥抱不同的体验能让你更好地胜任你的工作，吸引他人来关注你自己和你能提供的东西。你们中的大多数人将与来自你们从未去过的地方的人共事，而他们拥有你所没有的经验和阅历。如果不能接受不同的体验，你怎么能知道自己与他们的不同之处呢？

接受不同的体验：
- 迫使你去接触和了解你不熟悉或不认同的人群、观点和文化，从而了解其他视角，找到理解、共识和妥协的契合点。
- 让你走出"回声室"，因为"回声室"会强化你现有的信念和思维方式。
- 打开你的心扉，接受你从未考虑过的可能性、信念和观点。
- 当遇到障碍时，为你提出问题做好准备，例如：是否有其他方法可以做到这一点？是否有其他我可以做的事情？是否有其他人看到而我没有看到的事情？
- 让你周围的人也能拥抱不同的体验。

在你所做的每件事上（而不仅仅是在你的工作上）接受不同的体验，这能让你更好地了解自己、他人和你周围的世界。拥抱不同的体验能让你更好地胜任你的工作，吸引他人来关注你自己和你能提供的东西。

我愿意接受不同的体验，这让我在整个职业生涯中取得了更多的成就。

我是在万宝盛华集团的董事长兼 CEO 乔纳斯·普莱辛（他当时也是 JA 的董事会副主席）的办公室里做职业观摩时，才发现"固定 – 灵活 – 自由"框架的。在他的办公室里，我体验到了一些不同的东西，还思考了如何根据我们在 JA 的需要来重新设计这个框架。

也就是说，如果别人不相信你的努力是百分百真诚的，即使你愿意体验不同的东西、接受不熟悉的东西，并充分运用你所学到的东西，你也并不总是足以引导或吸引他们认同你的想法。很多时候，尤其是当我们成为领导者的时候，我们的行动与我们的言辞不符。我们言行不一，说一套做一套。这会导致不信任感，而不信任感往往是我们在这个世界上感知不同体验的方式。

如果学生不相信我的授课能力，如果我不相信他们是课程价值的"诚实捐客"，那么，我对学生的"实验"就永远不会成功。同样，在 JA，我也需要董事会成员和主要地区领导人对这一框架的支持，才能使其发挥作用。运营上的转变很微妙，但也很重要。例如，通过引入该框架并赋予 JA 六个分部办事处平等的权力，JA 非洲分部的 CEO（当时的业务规模相对较小）被提升到了与 JA 欧洲分部的 CEO 相同的级别。欧洲分部的 CEO 已经在这个职位上工作了十多年，并监督了一个产生数千万美元收入的地区，每年为数百万学生提供服务。我需要我们在欧洲分部的这位女领导愿意接受和体验不同的东西，把她在非洲的同事视为同侪，并感到自己与整个 JA 的使命息息相关，而不仅仅是欧洲分部。她做到了，并被提升到了全球总部团队（尽管她住在比利时），这反过来又让其他人能够打开思路，以不同的方式思考在 JA 的职业发展道路，使他们感到自己是一个全球性组织的一部分，无论住在哪里，都有晋升的机会，你所在的地方不是单独的分部办事处，晋升机会也不会受到地理位置的限制。这种微妙但重要的运营转变帮助 JA 在全球范围内变得更加多元化，其员工来自许多国家。

> 问问你自己：在设计你是谁和你想成为谁的时候，你如何才能更好地体验不同的东西？审视一下，你如何打发空闲时间、如何进行媒体消费、你与谁交谈、你吃什么，以及有机会时你去哪里旅行。所有这些都可能给你带来快乐，但这些体验中有多少是始终相同的呢？你可能错过了什么，或者，是什么阻碍了你的学习？

仅仅考虑一下你可能会有哪些不同的体验，就能让你了解自己是谁，以及别人是如何看待你的。

我总是惊奇地发现，一些看似很小的弯路（特别是在人生旅途的早期），却能改变你的人生轨迹。对于我的妻子海伦来说，她在大学三年级时在肯尼亚的留学经历促使她在宾夕法尼亚大学设计了一个个性化的国际发展专业，这反过来又促使她在毕业后为国际救援组织 CARE 工作。在 CARE 工作后，海伦前往印度，与印度乌代布尔的大型非政府机构 Seva Mandir 一起从事经济发展工作。

如果没有在肯尼亚这个她完全不熟悉的国家的生活体验所培养的自信，如果没有 20 岁时独自一人在内罗毕闯荡的人生阅历，她会在 24 岁时就勇敢地前往印度从事发展工作吗？这些经历帮助海伦发现了自己独特的优势，并激发了她的兴趣和激情。

◢◣ JA 领导者的成就故事 ◢◣
"我如何通过不同的体验取得更多的成就"

在编写本课的过程中，我和马歇尔都意识到，在 JA，每天都有很多同事围着我转，与我分享他们与众不同的经历，这些经历让他们更加了解他们自己和他们的优势。因此，我们认为，与其选择一位年轻的成功者，不如以世界各地成功者的多个故事作为本课的压轴戏，看看他们在开启成就之旅时，不同的体验如何影响他们的人生轨迹，下面就是他们展示给读者的小品文。

我想，当我在加拿大的大学毕业时，我唯一确定的是，我想以某种方式走向世界。我渴望体验不同的地方和不同的人。我从未计划过要从事 X 类工作或 Y 类职业。我热衷于语言，尤其是法语，所以我选择了去欧洲。那是 1990 年，柏林墙倒塌后不久。中欧和东欧发生的激动人心的戏剧性事件在整个欧洲大陆回荡。我当时在伦敦，正要去法国和比利时游览，途中遇到了两个和我年龄相仿的年轻女子，一个来自东德，另一个来自捷克斯洛伐克。她们急切地想回家看望家人，但没有路费。我主动提出放弃旅游，开车载她们，以换取住宿的地方。我想去那里看看热闹的场面。

这个选择让我走上了一条我从未想象过的道路。我最终在布拉迪斯拉发市教英语，遇到了很多我从未想过会遇到的人。我学会了说斯洛伐克语，这为我打开了更多的大门。1993 年，我在那里目睹了斯洛伐克和捷克的和平分裂，史称"天鹅绒离婚"。与所有前苏联加盟共和国一样，斯洛伐克的经济正处于转型期，迫切需要重建。这是一个新的疆域。

在这种情况下，我的西方背景和语言技能得到了回报。我决定留在斯洛伐克。当我看到有机会在当地建立一个 JA 分部时，我放弃了英语教学工作。在当时，创办一家非营利性初创企业并非易事，但 JA 提供的教育似乎非常适合崭新的斯洛伐克。事实证明，JA 的教育模式也非常适合我。我在 JA 找到了一份有意义的职业，七年后离开斯洛伐克，成为 JA 欧洲分部的高级副总裁，最终成为其 CEO，在这个职位上我做了 18 年，直到我成为 JA 全球首席运营官，这是一个监督 JA 网络的全球性组织。现在，我与世界各国的人们并肩作战，帮助年轻人茁壮成长。

正如罗伯特·弗罗斯特（Robert Frost）的诗歌所说，这一切都是因为我"选择了少有人走的那条路"。

卡罗琳·詹纳（Caroline Jenner）
JA 首席运营官

我在成长过程中对优质教育的价值有着强烈的意识，但这未必是我想要度过职业生涯的领域。在最初担任中学历史教师和在美邦公司（Smith

Barney）从事金融服务工作之后，我加入了JA，负责这个不断发展壮大的组织的国际业务。JA结合了我所有感兴趣的领域：教育、商业和国际经济发展（我在大学里学过这门课）。我最终成为JA佐治亚州分部的主席，致力于改善亚特兰大市年轻人的生活，这让我踏上了一段充实而又意想不到的社会企业家之旅。

根据我的经验，JA的平台是独一无二的，因为它解决了将教育和经济流动性联系起来的根深蒂固的系统性问题。经过几年与亚特兰大市各学区的深入合作，我们有机会共同创建一种新的高中模式，充分利用JA在相关的、体验式的现实世界互联学习方面的专长。这种创新的学校模式后来被称为3DE。

作为JA的半独立子公司，3DE重新构想教育，以改善高中体验，并为全美学生社区提供更多经济机会。在3DE学校，学生采用案例法学习学术概念，以了解学校与他们在未来工作中茁壮成长所需的技能、思维模式和行为之间的联系。我看到3DE在实践中发挥作用，并从亚特兰大扩展到美国许多城市和学区，这让我振奋不已。

归根结底，我的职业生涯就是为了体验不同的事物，从而创造出与众不同的东西。在我年轻的时候，父亲就建议我，要勇于踏入未知领域，以谦逊和好奇的态度去充分利用各种机会。对我来说，经历了不同的工作、角色和人，让我成为了一个更好的领导者，进而让我相信，即使是在经常"卡壳"的公共教育叙述中，只要采取合作的态度、全面的角度和不同的方式，改变也是可能发生的。

杰克·哈里斯（Jack Harris）
3DE学校CEO

2016年，24岁的我辞去了在纽约的咨询工作，搬回尼日利亚，成立了JA尼日利亚公司。当我们将为期16周的JA公司项目引入中学时，我们发现男生们会带头创业。但到了第10周，他们的注意力逐渐减弱，于是女生们挺身而出，带头克服一切挑战，让企业冲过了终点线。正因为如此，2001 年，我开始实施一项领导力计划，以增强那些不具备领导能力的女孩的能力。我们创建了"领导力、赋权、成就和发展"训练营（简称 LEAD），从尼日利亚各地的公司项目中挑选出 50 名最优秀的女孩来到拉各斯，参加为期一周的项目，她们必须在一周内启动并完成项目。

LEAD 项目极大地增强了女孩们的能力。她们结识了公共和私营部门的企业家和领导楷模，后者来自各行各业，而这是前者以前从未想象过的。许多人还了解性暴力、性健康和生殖健康。一周结束时，这些充满活力的女孩们都迫不及待地想要回家，为她们所在的社区带来改变。

但总有至少一两个女孩不想回家，因为回家意味着要面对我们所了解的性暴力。一想到要把这些女孩送回家，我的心都碎了，但我也没有别的办法。我们让她们和辅导员谈谈，辅导员会帮助她们认识到自己说"不"的能力，但我总觉得这还不够。我无权把她们留在拉各斯，也没有任何组织、社会福利机构或政府机构允许我出面干预人家的家务事。

于是，我创造了一个机会。当我加入非洲领导力项目时，他们要求我们思考我们想要如何改变世界：如果有一件事是我们想要改变的，而且是我们的痛苦之源，那会是什么事情呢？我想象着这样一个世界：非洲各地有数百万女孩担任领导职务、制定政策、建立社会安全网，给女孩们完成学业的权利，让她们成为她们想成为的人。我们可以把来自非洲各地的数以百万计的黑人女孩聚集在一起，让她们在自己的社区发挥领导作用。她们正在茁壮成长，正在创建雇用员工的企业。她们众志成城，一起努力制定可以改变女孩和妇女待遇的政策和法律。

这就是"千万黑人女孩"（简称 10MBG）诞生的过程。我之所以将其命名为 10MBG，是因为我也希望非洲女孩能够拥有一个强大的网络，那里聚集了世界各地与她们命运相似的女孩，你鼓励我，我激励她。这是一个强大的女性领导力网络，可以跨越障碍、跨越地区、跨越差异去创建企业。

西米·恩沃古古（Simi Nwogugu）

JA 非洲分部 CEO，2023 年非洲教育奖章获得者我曾在联合国呼吁对儿童早期教育进行适当投资，并在JA美洲会议上就青少年发展问题发表演讲。我就这些话题发言，没有人会感到意外。青少年发展项目是我最大的热情所在。令我惊讶的是，我的内心竟然停留在青春时代。我依然是那个不愿在公众面前发言的害羞女孩。我通过帮助其他和我不一样的人，学会了如何去助力青少年发展项目。

在阿根廷，大多数人并不是像我一样拥有丰富的资源。在一个50%的儿童生活在贫困线以下的国家，即使你拥有的不多，你也会意识到自己的特权。我知道，我永远不必为生活而苦苦挣扎。在求学期间，学习是我唯一的工作。16岁那年，我获得奖学金，免费到国外参加地理奥林匹克竞赛。在我的国家，很多人的现实情况并非如此，在这里，教育是你在不同阶层之间穿梭的方式。

比赛结束后，我回到阿根廷，接受了媒体的采访，他们问我下一步想做什么。我说，我希望其他学生也能有和我一样的机会。于是，我开始在阿根廷建立JA校友网络来支持JA，所有的学生都可以免费加入。因此，我开始关注建立志愿者网络，为青少年发展提供更广泛的帮助。

有时，人们会看不起我所做的事情。他们会说："你为什么不专注于你的工作呢？你的工作才是你实现职业发展和获得更多机会的途径。"但是，在志愿工作中投入时间，对我作为一名领导者和一个人的成长所起的作用，不亚于甚至超过我在学校或工作中所做的任何事情。事实上，我之所以能拥有这份工作，就是因为我在JA做了很多志愿工作。这就是为什么我相信帮助别人就是帮助自己，并鼓励每个人（无论其年龄或职业地位如何）都要设法去激励、支持或鼓舞他人。你可以通过一些在学校学习和工作之外的方式实现成长。

内莉·塞塔（Nelly Cetera）

JA美洲分部员工

第 25 课
自由规划你的"自我修炼"

自由式课程就是教你如何对你自己进行设计和创新的课程,那么,你如何对那个"来人世一趟的你"进行设计和创新呢?

你的现代成就故事是怎样的?

你的独特优势是什么?你是如何发现这些优势的?作为一名有抱负的青年领导者,或者在开始你的领导旅程时,你是如何利用这些优势的?

在你反思这些问题之后,问问自己:**根据你的经验,你最想与他人分享的成就课程是什么?**

现在就分享吧!

> 分享你的故事有助于激励他人。所以,当你准备好与他人分享你的成就课程时,请允许我们来帮助你。登录 modernachievement.com,点击"分享",如果我们选择了你的课程,我们将与我们的成就者社区分享你的成就课程!

职场进阶

第 26 课 设计你的激情

第 27 课 走向多元化职业道路

第 28 课 结交与你相差 5~10 岁的朋友

第 29 课 分享你的故事,激励他人的斗志

第 30 课 自由规划你的职业生涯

第26课
设计你的激情

作为最近一次静修会的一个环节,我的妻子海伦做了"九型人格测试"(Enneagram),这项测评可以确定你最符合九种基本人格类型中的哪一种。海伦在第三类"成就者"中表现最为突出。她大吃一惊。她原以为自己会在第八类"领导者"中表现最好。事实上,她以前一直确信自己是个"领导者"。我从大学时代就认识海伦,她在非营利部门的工作令我钦佩。我可以向你保证,她是对的:她就是一个领导者,现在是、过去是、将来也永远是。但我并不惊讶"成就者"这次会成为她的测试结果。她就是一个成就者。她的职业生涯可能专注于帮助他人,但随着经验的积累和成长,她的个性也发生了变化。因此,本课对她来说是一次重要而宝贵的认可,对我来说也是如此。

如果你还没有在学校、工作中或为了自我职业发展做过像九型人格测试、迈尔斯-布里格斯类型指标(MBTI)或"你的降落伞是什么颜色"这样的性格测评,你可能很快就会去做了。这些评估以及针对技能和优势的类似评估,如 Strengths Finder 2.0,对于雇主来说是宝贵的工具,对我们来说也有助于了解自己并设计自己热爱的职业。它们非常有助于解决目前的二元对立(参见马歇尔的评论)和理解你是谁、你在哪里、什么对你重要,以及为什么你现在可能没有最大限度地发挥自己的潜力等问题。像海伦一样,当你发现某件事情与众不同或发生了变化时,你就会获得新的理解和洞察力,这是一件令人兴奋的事情。当我给我的学生做评估的时候,比如,使用阿米·巴纳德-巴恩的"晋升指数"(Promotability Index),他们对测试结果的反应就跟海伦一样惊讶,这有助于提高他们的自我意识和自我认识。

但是，个性就像现代成就一样，会随着时间的推移而演变，在我的经验中，很少有人（包括我自己）把这些工具当作一个过程来对待。你只做了一次评估，然后，即使多年后你对评估进行了反思，你也不会回头再做一次评估。因为这种失败对你是一种伤害。

测评如快照。测评结果就像一张照片，被困在了时间里，而你却不受时间的束缚。随着年龄的增长，你不仅会在身体上发生变化，还会继续更多地了解自己、他人和我们周围的世界，这也会改变你的情感、心理和精神。你应该把"固定－灵活－自由"框架这样的评估工具作为一个检查点，帮助你了解自己现在的位置，确保你仍然在设计自己喜欢的人生。在你设计自己的成就故事时，这些评估为你提供了可供参考的数据，而这种设计需要随着时间的推移而不断发展。

例如，回顾一下我练习艾莎·贝赛尔的"学习英雄好榜样"（第21课）时，我心中的英雄之一是圣雄甘地。由于种种原因，他可能在我一生的英雄名单上。我也把马歇尔列为英雄，我是在2017年才认识他的。我钦佩他们用讲故事和修辞的方式来打动他人（无论是同胞还是成就卓著的领导者），促使他们采取行动并改变自己的行为。这与我目前在JA的工作密切相关，而与我早期的职业生涯关系不大。因为随着我的工作和职业的变化和发展，我在工作中所渴望和追求的品质也在变化。

艾莎知道，这种演变是设计自己所喜爱的人生的自然组成部分。**我们期望我们每天使用的产品和服务能够适应需求、应需而变，还可以做更多不同的事情，那么，我们为什么不期望自己也能做到这一点呢？我们的价值观和经历并不是固定不变的。**然而，这正是许多人对待他们的成就故事的方式，**尤其是在激情方面**。我们大多数人都认为激情是随着时间的推移而产生的。我们被告知，我们应该找到自己的激情，这意味着，当我们找到激情时，激情就会完全迸发，并带给我们快乐和成就感。但事实往往并非如此。

简而言之，"找到你的激情是个糟糕的建议"。我之所以用引号，是因为这是奥尔加·卡赞（Olga Khazan）于2018年在《大西洋月刊》上发表我们期望我们每天使用的产品和服务能够适应需求、应需而变,还可以做更多不同的事情,那么,我们为什么不期望自己也能做到这一点呢?我们的价值观和经历并不是固定不变的。然而,这正是许多人对待他们的成就故事的方式,尤其是在激情方面。

的一篇文章的标题。具体来说，她的原话是："培养你的激情"涵盖了兴趣的"成长理论"，而"找到你的激情"则涉及兴趣的"固定理论"。

卡罗尔·德韦克是第一个描述成长型思维模式和固定型思维模式之间区别的人。她在其著作《终身成长：重新定义成功的思维模式》(Mindset: the new psychology of success)中描述了固定型思维模式者是如何相信成功应该不劳而获的。而成长型思维模式者认为，成功来自自己的努力、策略以及他人的帮助，从而发现自己未知和未开发的潜能。卡赞指出，德韦克现在正与耶鲁大学的保罗·奥基夫（Paul O'Keefe）和斯坦福大学的格雷格·沃尔顿（Greg Walton）合作，将这一理论延伸到激情领域，并证明激情并不是一种与生俱来的、等待你去发现的固定兴趣，而是从你一生培养的兴趣中发展或成长起来的情绪。这一划分与早先的研究相呼应，例如，刊登在《性格与社会心理学公报》(Personality and social Psychology Bulletin)上的一篇文章，题为《寻找适合你的激情还是培养一种激情：关于实现工作激情的内隐理论》(Finding a Fit or Developing It: Implicit Theories about Achieving Passion for Work)。在文中，赞同寻找激情的理论者认为"人们对工作的热情是通过找到适合自己的工作来实现的"；赞同培养激情的理论者则认为"激情是随着时间的推移而慢慢培养出来的"。

不管研究人员使用的是什么术语，他们的研究结果都表明，大多数人都相信"找到适合你的激情"的固定理论。这不是现代成就的迭代过程所推崇的。找到你的激情是你驰骋职业生涯的固定方法。设计你的激情则关乎你的成长。

我承认，我在这方面有偏见。我不是那种"固定不变"的人。当我开始我的职业生涯时，我从来没有想过我最终会成为JA的领导。JA是我十几岁时做过的事情，但我并没有把它当成我的未来。从没想过自己最终会为这个组织工作，甚至不介意这是一个非营利组织。即使你找到了自己对法律或医学等单一职业的热情，你也不能固守自己的知识和经验，同理，你为什么要固守自己的思维模式，停止探索自己对该职业的热情呢？

第11课中的桑音·香，就是因为没有培养自己的激情，而是沿着预定的职业道路前进，才学会了"未雨绸缪，为意外做准备"。这句话道出了激情的固定性与成长性对立的事实。你可以像规划结果和成果一样规划激情，也可以规划偶然性，拥抱让你接触新的可能性和想法的过程。

桑音认为这是"分散你的情感风险"的一部分，以保持我们对事业和生活的洞察力和情感投入。她说："就像我们通过投资组合分散财务风险一样，我们也需要在工作中分散自己的情感风险。在工作之外的事情上投入情感，通过志愿服务、指导他人或个人关系等方式为自己创造其他领域的成长机会。当你在职业生涯中分散情感风险时，你就可以做出更好的决定，拥有更好的视角，并在工作中更加出色。"

桑音重新定义风险的方式就是我们应该重塑激情和现代成就的方式：作为一种不断寻找成就感的过程，而不是一个单一的目的地。做到这一点，你就能培养出情商，即自我意识、社会意识和同理心，从而吸引他人，成为一名强有力的领导者。

我所提倡的是一种以同样的成长型思维模式为基础的激情观，这种心态对于任何创业活动都是至关重要的。成长型思维模式鼓励你采用迭代的方法来设计你的激情和职业，就像你设计任何产品或服务一样。具体做法如下：

- 重视过程而不是最终结果。
- 要有使命感，要胸怀大局。
- 承认并拥抱自己的不完美。
- 追求学习，而不是追求认可和结果。
- 用"学习"取代"失败"。
- 奖励行为，而不是特质。
- 不断创造新目标。

当然可以！我当然相信，即使你一开始并不热衷于某件事情，你也能学会对它充满激情。但我见过太多坐等激情砸中自己的人。我的担忧是，如果你不花时间去培养激情，你可能会错过一些机会——因为你认为某份工作、职业或经历不是你的激情所在,从而将其排除在外,认为它无关紧要、毫无趣味或毫无价值。

年轻有为者的故事

克林特·卡迪奥
"好奇心驱动你的激情"

当我为这本书与阿希什联系时,我刚刚在大卫·梅尔策(David Meltzer)的《两分钟演练》(2 Minute Drill)节目中获胜。该节目由五位企业家参加,争夺超过5万美元的现金和奖品。我们只有两分钟的时间向四位评委提交我们的提案,然后必须回答问题。我向一家名叫"大黄蜂"的太阳能科技公司提出了投资建议,这家公司代表了我通过气候科技和可持续发展来赋予他人力量并改变世界的使命。我们公司

克林特·卡迪奥

提高了标准太阳能电池的输出效率,这样我们就可以缩小太阳能电池板的尺寸,使它在商业层面上更具可扩展性。但"大黄蜂产品"不仅仅是一种电力来源,还可以成为那些被遗忘在黑暗中太久的人们希望的象征,它可以继续为所有人创造一个可持续的未来。

我喜欢《两分钟演练》的每一刻。我觉得自己在演练时已经做好了准备,并研究了他们可能会问哪些刁钻的问题,比如,"为什么你们不在消费者层面上解决太阳能的低效问题?"答案是:"对我们来说,与制造商合作更有意义。"但我不知道太阳能技术是否就是我的未来。我对太阳能的兴趣和对光伏技术的研究只是我最近萌生的激情。在我的内心深处,我是一个狂热的软件开发者,喜欢构建区块链和人工智能方面的项目。就在上节目之前的一年,我在 iMining Inc 做研究员,这是一家专注于区块链可持续发展的公司,从事软件开发和工程工作。在那之前,我一直在参加黑客

马拉松。直到我对撒哈拉以南非洲等地的能源网以及他们如何依赖太阳能技术进行研究时，我对气候科技的好奇心才逐渐增强。

好奇心和创造力是我的强项。如果我有很多激情，那是一件好事。我只想追随我的好奇心，寻找偶然的机会，让我接触到我从未想过自己会对之充满激情的事物。我曾经以为，激情是一种自然而然产生的东西。但在我开始追求成就的旅程后，我意识到，你拥有的经验和视角越多，你就越会发现，不同的数据点会把你引向更多你可能热衷的道路。

当然，我父母认为我疯了。他们告诉我，我会成为一名医生或工程师。他们爱我，却用"追求成就"的"小盒子"框住我，而他们甚至不知道这些小盒子对我有什么意义。我需要尊重我的父母，但也要做一些我觉得有趣的事情，以确定我可能想要的东西是什么。我越是尝试那些真正符合我个性的事物，就越能够追求我想要的一切并取得成功。如果不这样做，我可能会追求一些我能够实现的目标，但那会让我感到快乐吗？

我如何让外界因素来定义我的为人和追求，这完全取决于我自己。例如，我在学校里擅长数学和科学，但我发现自己对哲学和人文学科情有独钟，这要感谢一位老师，是她让我明白了阅读对我的意义。这位老师让我试读一本哲学书，因为我可能会喜欢，我听了她的话，而且喜欢上了这本书。我明白了，我并不讨厌阅读。现在，我寻求坐下来看书的简单乐趣，这可以让我远离手机和屏幕。

我现在意识到，不去追求自己的激情其实是因为恐惧。但多亏了像"知识协会"和"JA"这样的组织，让我明白，我们可以追求与自己产生共鸣的东西。我尝试的东西越多（不管我犯了多少错误），我就越能找到新的机会，并努力去发展和壮大它们。即使是探索我喜欢的事物的不同方面，比如人工智能或区块链，也会激发我的激情，这样我就不会在一件事上纠结个没完。

说到底，我的父母只是想让我拥有他们没有的机会。这就是我给自己的机会。我完成了高中学业。我最终计划去上大学。我将拥有父母梦寐以求的机会和选择。如果我认为我的人生道路是单一的，我就不会推迟我的大学入学时间,也不会休学一年去追求与公司合作的机会,并最终在《两分钟演练》节目中获胜。大学永远在那里等着我。但我追求我对太阳能技术的新激情的机会不会等我。

所以,因此,我想对你们说,就像我每天对自己说的那样:保持激情,享受寻找和了解自己所爱的过程!我很期待会发生什么,我知道这会很有趣。我刚刚开始接触我所能学到的东西,刚学到一点皮毛而已。

克林特·卡迪奥(个人主页:clintceo.com)是一名计算机科学专业的学生,也是气候科技和可持续发展的狂热倡导者,他的目标是通过在可持续软件实践中开拓进取,促进全球互联互通。他是"知识协会"的学生活动家,也是 JA 的记者,还是 JA 加拿大分部和美洲分部的校友。

马歇尔讲堂:解决你的二元对立问题,成为你想成为的人

在生活中,我们常常迷失在追求结果的过程中,坚信只要我们不断获得这些结果,付出代价,遵循既定的道路,无视享受,我们就能"到达"那里,实现永久的幸福状态。但正如诗人格特鲁德·斯坦因(Gertrude Stein)在谈到她已不复存在的童年家园时所说的那样:"那里已经不存在了。"

只有童话故事才会以"他们从此过上了幸福的生活"结尾。

取而代之的是,把每一天都当作重新开始的机会,或者继续打造一个全新的自己的机会。享受你正在做的事情,并努力去实现一些有意义的事情。这与你所做的工作无关。它与更高的抱负息息相关。是的,你需要健康的身体,你需要一份可以生活和创造未来的收入,你需要与你爱的人保持良好的关系。但这些结果应该来自做你认为有意义的事情,即有目标的事情。这就是我们如何过上属于自己的丰盈人生,而不是别人版本的人生。

如果你觉得你现在不是你想成为的那个人,或者你想成为更好的自己,也许你需要解决你生活中的一些二元对立问题。

在第 21 课，我们向你介绍了艾莎·贝赛尔的《设计你所喜爱的人生：一步步指导你构建一个有意义的未来》和她为挖掘自身价值所做的"学习英雄好榜样"练习。就在艾莎教我这个练习的同一个研讨会上，我们还谈到了"二分法"，这是设计师用来解决"非此即彼"两难问题的术语。她告诉我，在产品设计中，她最喜欢的部分就是客户留给她自行裁量的这些"非此即彼"的决定，比如，设计应该是古典的还是现代的？是小巧的还是功能性的？是独立的还是可以扩展成一个产品系列的……

理想情况下，像艾莎这样的设计师会将这些矛盾体巧妙地融合在一起，既采用经典的设计，又融入现代材料；或者，创造出既具有高性能又价格亲民的产品。这很难，但如果你做对了，就能创造惊人的价值和增长。话虽如此，但这并不总是可能的。艾莎说："在进行整体设计时（包括你自己），你需要考虑你的智力、精神、情感和身体。但即使是整体设计，我们也必须做出选择。这就是你需要二分法的时候。"

二元对立问题需要的是选择，而不是强制整合。乐观主义者还是悲观主义者？合群还是独行？主动还是被动？把世界看作一串无穷无尽的二元对立问题，并不会自动简化你的决策。你只不过是把众多选择减少到了两个。不管你看到的是黑白世界还是灰色世界，都不重要。选择其一，你不可能同时兼顾两者。

在立志之初，二元对立问题的解决尤为关键。除非你希望彻底改变自己的个性，否则你的志向不应与你的核心价值观、偏好、美德和怪癖相冲突。你的抱负必须真正地激发你的激情。正如克林特所说，如果他觉得激情并不真实，那么，追求一种职业道路或单一职业中的激情对他没有任何好处。因此，在人生的这个阶段，他已经解决了一些二元对立问题，选择探索而不是安于现状，选择创造而不是维持现状，选择多条道路而不是一个方向。

并不是所有人都能像克林特一样明确自己的激情所在，但即使你认为自己已经明确了自己的方向，下面艾莎的练习也能帮你找出生活中的二元对立问题，促使你继续前进。

艾莎·贝赛尔的"二分法"练习：

- 在一张纸上列出你能想到的所有有趣的二元对立问题。例如，乐观主义者与悲观主义者，主动与被动，参与者与孤独者，合作者与独立者，做事主动的人与按吩咐做事的人，灵活与规整，小与大，新兴公司和老牌企业，领导者与追随者，嘈杂与安静，结婚与单身，有孩子与没孩子，咸与甜。如果遇到困难，你可以向伙伴或朋友寻求建议。
- 用铅笔勾选出对"现在的你"适用的每一对二元对立问题。
- 用记号笔将每个未勾选且对你不适用的二元对立问题完全涂黑。最后，你会看到一张涂黑的纸，看起来就像一份经过编辑的绝密文件。
- 研究剩下的二元对立问题，决定每一对中哪一半与你的特质相符。用记号笔把另一半划掉。
- 看看这张纸。剩下的没有被涂掉的文字揭示了你的特质。

你无法反驳这些特质所描绘的画面。这是你自己画出来的。这些特质会影响着你的抱负和追求。（额外练习：与最了解你的人分享你完成的表格，并询问他们的看法。）

但在你继续前进之前，请记住，追求成就只是一个过程。你会像你周围的世界一样成长和改变。这就是为什么艾莎的练习中出现了"现在的你"一词。做一次这样的练习可以帮助你了解自己所处的位置，但通往成功的道路从来都不是笔直的。随着你的成长，你会遇到新的二元对立问题，重视新事物，发现新机遇，发掘新优势，培养新激情。请务必听从阿希什的建议，过一段时间，再回头去做这类练习，以确保你仍然在努力成为你想成为的人，并设计你所喜爱的人生。

第 27 课
走向多元化职业道路

"走向多元化职业道路"是我在英国第一次接触到的一个术语。它与一些人（通常是高级管理人员）有关，这些人退休或离开公司后，会身兼数职，而不是再做一份全职工作，如此他们可以不断学习和挖掘潜力，拥有更大的影响力和更小的压力，同时还能创造收入。处于事业起步阶段的人可能会将其理解为"组合职业"的一种：在同一家公司中身兼数职的员工，或者是从事副业、辅助性工作或几份无关工作以维持生计或创造多种收入来源的年轻人。多元化职业或组合职业当然很常见，尤其是对于那些总是同时扮演多个角色、身兼数职的创业者来说，更是家常便饭。他们不会只把赌注押在一个项目或业务的成功上，为了保险起见，他们会开展多项业务和项目。

对我来说，"走向多元化职业道路"也是我所说的"二合一"的同义词。2010 年 1 月，在我离开维珍理财公司之后，迈出职业生涯的下一步之前，我接受了哈佛商学院案例研究的采访，在谈到我对自己未来的目标时，我这样说："我人生的核心感悟之一是，你需要'二合一''三合一'，甚至'四合一'——找到将生活中不同部分或目标结合起来的方法。这让我很着迷。这意味着两件事情分开看可能会更好，但我愿意为了将它们结合起来而做出妥协。"

通常情况下，"二合一"这个词指的是销售点交易，即你用一件商品的价格买到两件商品。但我思考的是，当工作和生活如此紧密融合在一起时，要如何才能达到一种平衡。我在努力设计一种生活，既能满足我赚钱的愿望，又能产生社会影响，同时还能花时间陪伴我的双胞胎儿子，以及支持我的妻子走上成功之路。在设计我想要的人生的过程中，我把这些东西都融合在一起，达成了多元化选择。

但多元化不仅仅是一种选择，也是一种技巧。

在一个瞬息万变的世界里，你需要同时从事多种工作和职业，而你的技能和优势来自你不断发展和适应新思想的能力。你掌控着自己的价值，以及如何紧跟时代潮流，与时俱进，并为公司运营和业务开展方式的必然转变做好准备。

你掌握的技能越多，越能帮助你预测变化、应对不确定性、洞察可能性和机遇，并在嘈杂的环境中保持专注，你就越能吸引那些想要聘用你的人。而这些技能并不是简历上的证书，也不是企业和研究生院培训的内容。

根据世界经济论坛发布的 2023 年《未来就业报告》，预计增长最快的重要性技能中，前五名中有四项被定义为认知技能（“创造性思维”和“分析性思维”）和自我效能（“好奇心和终身学习”以及“韧性、灵活性和敏捷性”）。唯一挤进前五名的技术技能是“技术素养”，排在第三位。

该报告基于对全球最大雇主的广泛调查：27 个产业集群和 45 个经济体的 803 家公司和 1130 万名员工。请看他们列出的正在崛起的技能清单，以及他们所说的五年后他们最优先考虑的技能（见图 8、图 9）。

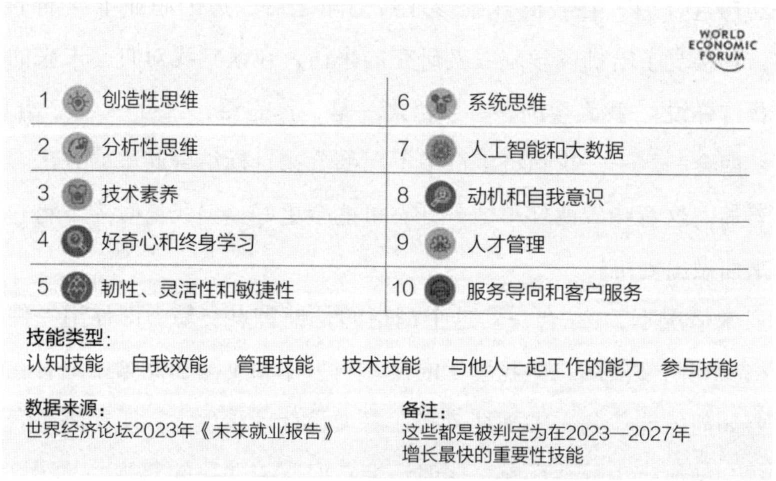
WORLD ECONOMIC FORUM
1 创造性思维
2 分析性思维
3 技术素养
4 好奇心和终身学习
5 韧性、灵活性和敏捷性
6 系统思维
7 人工智能和大数据
8 动机和自我意识
9 人才管理
10 服务导向和客户服务
技能类型：
认知技能 自我效能 管理技能 技术技能 与他人一起工作的能力 参与技能
数据来源：
世界经济论坛2023年《未来就业报告》
备注：
这些都是被判定为在2023—2027年增长最快的重要性技能

图 8　正在崛起的十大技能

在一个瞬息万变的世界里，你需要同时从事多种工作和职业，而你的技能和优势来自你不断发展和适应新思想的能力。

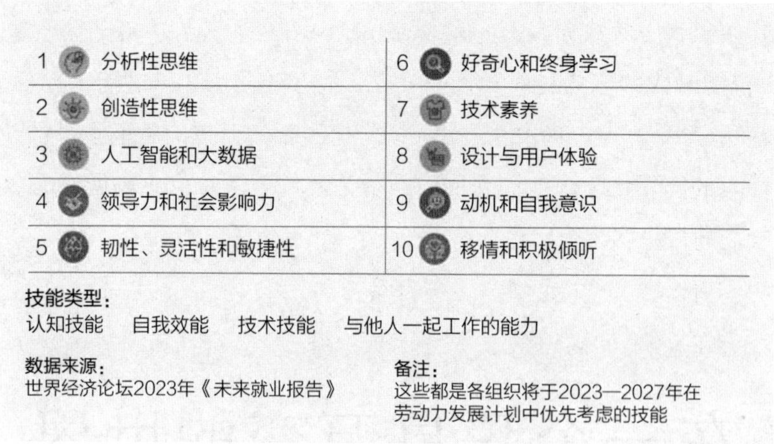

1	分析性思维	6	好奇心和终身学习
2	创造性思维	7	技术素养
3	人工智能和大数据	8	设计与用户体验
4	领导力和社会影响力	9	动机和自我意识
5	韧性、灵活性和敏捷性	10	移情和积极倾听

技能类型：
认知技能　自我效能　技术技能　与他人一起工作的能力

数据来源：
世界经济论坛2023年《未来就业报告》

备注：这些都是各组织将于2023—2027年在劳动力发展计划中优先考虑的技能

图9　2027年企业十大优先技能

对比一下这两组数据的前五项，第二组将"分析性思维"与"创造性思维"互换了位置。"领导力和社会影响力"这一自我效能跃居第四位，将"好奇心和终身学习"挤到了第六位，而"韧性、灵活性和敏捷性"保持在第五位。排名第三的仍然是一项技术技能，但"人工智能和大数据"取代了"技术素养"，后者排名降至第七名。

有关认知技能需求的数据所描绘的图景令人信服，反映了"在工作场所解决复杂问题的重要性日益增加"，这是所有企业都在强调的需求。而关于自我效能的数据则更为复杂。自我效能仍然至关重要，但不同行业对自我效能技能的重视程度各不相同。如今，大多数公司都认识到员工"适应混乱工作环境的能力"的重要性，但有些行业认为，如果混乱局面消退，适应能力的必要性会降低。从保险到研究、设计和企业管理服务，再到化工和先进材料，各行各业都将强调韧性、灵活性和敏捷性。医疗卫生服务和电子行业将强调"好奇心和终身学习"的技能发展。基础设施领域将把自我效能技能战略的重点放在激励和自我认知上。

全面披露：我活跃于世界经济论坛（WEF），并在WEF新经济与社会中心的管理委员会任职，该中心与撰写年度《未来就业报告》的小组合作。在这些报告中增加自我效能的内容，部分是我倡导的结果，因为我目睹了在新经济中茁壮成长的JA学生的自我效能。但也有很多补充研究证实了我们报告中的数据。例如，"2023 edX AI 调查"对 800 名高管进行的"人工智能时代的职场导航"调查发现，这些高管认为，两年后，人工智能将使目前劳动力中使用的近一半技能失去意义，包括他们自己的技能！同样数量的高管认为，他们和他们的员工没有为未来的职场做好准备，这也与我们的报告相吻合。

再看看沃顿商学院的组织心理学家亚当·格兰特（Adam Grant）最近的研究。在《隐藏的潜能：实现更大成就的科学》(*Hidden Potential: The Science of Achieving Greater Things*) 一书中，他展示了即使是"被低估"和"被忽视"的人也可以通过学习来最大限度地发挥自己的潜能。具体来说，他强调了超越自身优势，走出舒适区，取得更大成就的重要性："忽视后天培养的影响会带来可怕的后果。它使我们低估了可以取得的成果和可以学习的领域。结果，我们限制了自己，也限制了身边的人。我们固守狭隘的舒适区，错过了更广阔的可能性。我们看不到他人身上的希望，关闭了通往机遇的大门。我们让世界失去了更多可能的伟大事物。"而这种后天培养需要创造性思维和分析性思维的技能。

我想说明的是，我并不是在贬低技术技能和培训的重要性，但你们未来需要的顶级技能与知识、经验或技术没有多大关系。许多工作和从事这些工作所需的许多基本技能正在变得自动化或将被淘汰，任何能够被自动化的工作或技能都可能被取代。根据 WEF 的报告，44% 的工人的核心技能预计将在未来五年内受到干扰或发生变化。这并不意味着这些技能正在衰退。该报告显示没有任何技能出现净衰退，只是其他技能变得更有价值。但这并不意味着企业正在对这些技能进行培训。WEF 发现，在企业报告中增长最快的前六项技能中，有五项"并不总是反映在企业的技能提升战略中"，此处的"技能提升战略"指的是企业为员工提供跟上行业和其他变化的培训，以提供他们所需的工具。

简单地说，创造性思维和分析性思维是人类仍然看重的技能，但大多数公司和研究生院都没有进行这方面的培训。马歇尔的评论提供了一套很好的建议，让你开始思考如何获得这些技能。请记住，培养激情的原因在于你会改变。提高认知技能和自我效能的原因是，世界会改变，你需要思考并拥有你在其中的位置。这就是为什么多元化对于确保你所做的一切至关重要，从你的主要工作到你的副业和兼职，都是为了培养和发展你未来需要的最重要的技能。

在未来，金钱会一文不值。认知技能和自我效能则不会贬值。

年轻有为者的故事

萨拉·拉普
"放眼世界，从全球角度思考自己"

我住在德国的一个小镇里，在那种被保护着、有特权的环境里长大，就像在一个小泡泡里似的，可我从来都不想一直待在这个泡泡里。我想打造属于我自己的泡泡，能飘向全世界的那种。JA 让我明白，这个世界有多大。

参加完 JA 公司在我们城镇的项目之后，我去科隆参加了 JA 创新营，这时我才意识到自己那点经验真是少得可怜。所有学生都在谈论参加欧洲总决赛的事，我甚至都不知道还有这样的比赛，我的脑子一下子就炸了。在我所在的城市，只有一个人和我一起参加过 JA，因此我在德国校友网中变得非常活跃，以便与其他人建立联系。我自愿成为校友网的协调员，然后是会员管理员。再后来，我成了欧洲校友网的项目经理，24 岁的

萨拉·拉普

时候，我接任了欧洲校友网的总裁一职。那真是太疯狂了！拥有 24 个国家的 20000 名会员。我刚一上任，他们就告诉我，我的第一个任务是在欧洲议会发言。好吧……

领导欧洲校友网两年之后，我被解雇了。不是被 JA 炒鱿鱼了，而是

和其他 160 人一起，被马耳他的一份有薪工作辞退了。

要知道，JA 并不是我的工作。自从加入德国校友网以来，我为 JA 所做的一切都是志愿者工作，这样我就能坚持我的目标了，我的目标是成为一名全球公民并为之奋斗。需要说明的是，我也想在其他工作中做到这一点。高中毕业后，我在斯图加特的德国体育联合会工作时，获得了体育管理学士学位。19 岁时，我参加了一些像世界杯这样的大型国际赛事，因为我是唯一一个想说英语的人。在完成学业之前，我在那里工作了五年半，在不同的部门工作，参与建设社区，编制预算，安排赞助。

我在体育联合会的最后一项工作是带领所有代表团参加世界艺术体操锦标赛。这时我说："就这样吧。这里的空间已经无法再大了。我已经感觉压抑好多年了。就像在很多德国的组织里一样，每个人都照着一直以来的做法行事。要推动新想法可太难了。"于是，我辞去了这份工作，到处申请德国以外的其他工作。最终，我在马耳他找到了一份体育赞助方面的工作，为英超联赛中的曼城等运动队策划宣传活动。裁员发生的时候，我在那里工作还不到一年。

失业后，我做的第一件事就是联系 JA，说："嘿，这是我的简历，如果你们知道谁需要我这样的人才的话，请不吝推荐。"一周后，JA 负责人事兼活动的副总裁艾琳·索耶打电话给我，说 JA 不会把我的简历转发给任何人。好吧……然后她说 JA 将聘请我在一个新的带薪职位工作：全球校友社区经理。阿希什希望在全球建立一个 JA 校友社区和网络，以效仿欧洲校友网和墨西哥校友网的成功经验。我的工作是将来自全球六个地区和一百多个国家的各种各样的项目联系起来。

现在我的"小泡泡"变成了整个世界！

时至今日，JA 已拥有一个庞大的校友社区和一百多个校友网。我现在是校友和员工参与部主任，为那些希望改变世界的年轻 JA 毕业生与我们网络中的年长 JA 校友及其他人员、资源和社区牵线搭桥。他们通过我们建立联系。我们还举办校友峰会，将来自各个地区的校友聚集在一起。从筹款和活动，到合作和市场营销，我可以做任何事情。这感觉就像我在 JA

内部自己创业，这也是 JA 所鼓励的事情，但与我以前的工作经历完全相反。这份工作也激励我创立自己的品牌。

在德国，我的工作是把那些被困在同样处境的人聚集在一起。这并不是一个全球化的环境。在 JA，我的工作就是把这些酷炫的不同文化和具有不同价值观、信仰和理解的人们聚集在一起。**我该如何帮助这些人相互联系和理解彼此呢？**这就是全球化。当然，我做的第一件事是研究"如何全球化"，但这无济于事。也就是从那时起，我开始打造自己的品牌，即"如何全球化"，并主持同名播客。四年过去了，播客已经播出了 100 多集，我还就跨文化交流、全球公民意识和驾驭全球化的世界等问题举办了主题演讲和研讨会。此外，我参与了联合国基金会的"平等无处不在"运动，我还是"游牧族回馈"（Nomad's Giving Back）活动的公关负责人。现在，我正致力于为这些以及更多的事情建立一个中心枢纽。

我职业生涯中的这些片段都是通过我自己连接在一起的，它们与我的身份和理想相吻合。它们将人们联系在一起，并体现了作为全球公民的复杂性。

当然，我在建立自己的品牌时，很害怕在 JA 上谈论它，因为我不知道人们会说什么。我本不应该为此担忧。我从不曾让我在 JA 之外所做的事情影响到我的工作。同样，我也从不曾让我在 JA 的志愿工作影响到我的其他工作。事实上，JA 看到了我的品牌如何造福每个人，只要我继续做我受雇的工作，JA 就会支持我的工作！我甚至与 JA 全球校友一起在加纳启动了一个奖学金项目。更让我感到惊讶的是，我现在有志愿者为我工作，帮助我打造品牌。我试图像 JA 当年对我那样，在全球范围内赋予他们权力，就像 JA 在我兼任他们的两份工作时对我所做的那样。

我希望每个人都能以自己的真实身份与他人沟通。你不需要去旅行，也不需要成为我这样的全球公民。**你只需要在你做了哪些事情、你是谁以及你如何运作等方面进行全球化思考，就能取得更好、更多的成就。**

是的，当我 20 多岁的时候，人们质疑我是否有能力做到这一切，但恰恰是在那个时候，你才有可能有能力追求多种途径，这时你对时间的要求没那么高，也不用花费过多的精力兼顾家庭和孩子。如果你专注于你正在做的事情，而且这件事对你来说是正确的，那就让评判者去评判吧。不要因为"别人"而不敢尝试一切。只要找到合适的平衡点就好，但不要在这个过程中迷失自我。

我现在意识到，我之所以能成为一名成功的全球公民，完全是因为我把自己当成了全球公民，而不是长大后的自己。我试着建立我需要的人际关系和技能，以创造更多的机会，比如，做JA志愿者工作或讲英语。虽然有些工作是志愿者工作，也没有给我带来任何收入，但它打开了我的心扉，让我认识了新的朋友，培养了新的技能。并不是你做的所有副业都需要最终产生收入。从长远来看，那些能让你全面发展的机会对你的个人品牌更有价值。你永远不知道它们什么时候会成为你的幸运入场券，不仅能让你获得更高的技能，还能让你获得更多的机会。

萨拉·拉普（个人主页：sarahrapp.global）是JA的校友和员工参与部主任，她致力于为已经毕业并希望继续参与JA活动的JA学生创造机会。她是"如何全球化"品牌和播客的创始人，该品牌和播客旨在通过降低界限来实现更多相互联系的人类体验并弘扬多样性，从而将世界连接起来。她是联合国基金会"平等无处不在"运动的大使，并领导致力于"游牧族回馈"和"游牧族技能共享"的公共关系工作。她的足迹遍布近50个国家。

马歇尔讲堂：给高潜力人才的九个忠告，
让他们的职业生涯一帆风顺

无论就业市场多么强劲，就业保障在很大程度上都已成为过去。高潜力人才（或称高潜者），即那些不仅取得成就并获得晋升，还能进入领导层的人，过去常常在一家公司或一个行业中度过一生。现在，人们在一家公司度过一生的故事越来越少了。事实上，大多数公司，无论规模大小，都不会让你工作一辈子,正如世界经济论坛的数据所显示的那样,工作和行业本身也在发生变化。不管你喜不喜欢,即使你在一家大公司起步,你也需要像萨拉和阿希什那样思考:为了你自己,请做一名企业家。

虽然我意识到我们不可能都具有企业家精神,因为我们不可能都创办自己的公司,但我们都可以在如何对待自己的职业生涯方面具有企业家精神。下面是一些关于如何展示创业精神的建议,你可以在开始你的职业生涯时付诸实施。其中一些建议与你在其他课程中读到的内容不谋而合。将这些建议汇集在一起,可以让你在考虑如何自由规划你的职业生涯时有所反思。

1. **选择一条道路**。这一点至关重要!无论你的成就之旅中有多少份工作和职业,你的道路都来自内心,所以要阅读、反思和研究你现在想要实现的人生目标。不要太担心你可能走错了路。你可以在路上随时改变主意。就我个人而言,我在印第安纳州读大学时找到了自己的人生道路。当时我19岁,整晚都在思考自己的人生目标。黎明来临了。我向窗外望去,车水马龙,满眼都是等车的上班族。我意识到我不想那样做。我想成为一名大学教授,但通过学习和工作,我发现自己的热情在于帮助人们成为更好的领导者。我一开始并没有想到自己会成为一名高管教练。我甚至不知道有这样一份工作。事实上,我也不知道有没有这样的工作!这些年来,我一直沿着自己的道路前进,有时也会改变方向。

2. **热爱自己的工作**。如果你做的是自己喜欢的事情,多年的辛勤工作(通常是成功的前奏)就不会显得那么辛苦。我的良师益友保罗·赫西博士(Dr. Paul Hersey)在获得荣誉博士学位时,与即将毕业的学生分享了他的一个成功秘诀。他笑眯眯地看着台下数百名年轻人说:"回顾我的职业生涯,我觉得我这辈子没有工作过一天。如果你真的热爱你所做的事情,那一切看起来就像玩耍一样有趣!"找到你喜欢做的事情,可能需要一些努力,但这是值得的。

3. **要有好奇心**。我认识的最伟大的企业家之一是拉奥先生(G. M. Rao)。他是GMR基础设施公司的创始人,该公司现在是印度一家大型基础设施公司。当我问他的同事们拉奥先生做对了什么时,他们都对他持续不断的好奇心赞叹不已。一位同事评论说:"他在生活中穿梭,不断观察。他记下了各种潜在的机会,而大多数人可能根本不会注意到这些机会。他不仅仅是在观察,而是在行动!他会立即给员工发信息,说'请看看这个'。虽然他的许多观察并没有转化为商业机会,但有一些观察确实转化为商业机会。这也是他如此成功的原因之一。"

4. **找到自己的利基市场**。利基市场指的是通常被大企业忽略的某些细分市场。成功的企业家可以为市场机遇提供创新的解决方案,同样,你也可以努力发展一种特殊的能力,使自己与众不同。你要有创造性。你要寻找其他人可能没有考虑到的市场需求。任何人都可以做别人正在做的事情。而伟大的企业家提供优于或不同于其他人正在做的产品和服务。在你目前的工作中,你也可以这样问自己:哪些是应该做而没有做的事情?

5. **成为世界级专家**。虽然这听起来很吓人,但要真正成为"世界级"专家可能并不像你想象的那样令人生畏。如果你选择了一个相当狭窄的专业领域,专注于此,并尽可能多地学习,你将在几年内成功积累丰富的知识。虽然你不可能在所有领域都成为世界权威,但你一定可以在某一领域成为世界权威。这就是萨拉·拉普在"放眼世界,从全球角度思考自己"中所做的事情,她把"如何全球化"变成了自己的品牌(参见以下第8条建议)。

6. **向最优秀的人学习**。当你考虑你的职业选择时,问问自己"十年后我想成为什么样的人"或者"在与我期望的专业领域相关的领域中,世界上有哪些专家"。试着从这些人的生活中学习经验。也许你会大吃一惊。有些人甚至会不遗余力地帮助你。

7. **做足功课**。虽然你崇拜的榜样可能愿意帮助你,但也要尊重他们是大忙人的事实。他们的时间是宝贵的。例如,如果他们写了关于某个主题的书,在你向他们提问之前,请先阅读这些书。如果他们是你自己公司的高管,在你要求他们投入有限的时间帮助你之前,请先研究他们的历史,阅读他们的履历,并向他们的同事讨教。

8. **打造自己的品牌**。彼得·德鲁克是一位具有远见卓识和影响力的商业与管理思想家,他曾告诉我,公司应该能够"把自己的使命写在T恤衫上"。个人也可以这样做。例如,我的使命是成为帮助成功领导者实现积极、持久的行为改变的世界权威。如果你不假装无所不知、无所不通，而是拥有一个独一无二的品牌，你的客户（或雇主）会更加尊重你。

9. 付出努力和代价。也许你只是运气好，不费吹灰之力就获得了巨大的成功。但不要指望这样的好事会降临到你身上。大多数成功人士都非常努力。他们所经历的"运气"往往是多年努力的结果，付出努力才是他们有幸抓住偶然机会的前提。

第 28 课
结交与你相差 5~10 岁的朋友

这节课的灵感和基础来自阿曼·高斯（Aman Ghose），他是我 2021 年在塔夫茨大学弗莱彻学院开设的创业课程的学生。在写这本书的过程中，我们采访了像阿曼这样的年轻有为者，并征求了他们的反馈意见，他提出的"结交比你年长 5~10 岁的朋友"的建议让我茅塞顿开。我开始扪心自问，如果当时我听到并接受了这一建议，我的情况和职业选择可能会有什么不同。如果与比我年长 5~10 岁的人建立友谊，我是否会留在世界银行或摩立特？如果有年长的朋友指导我的选择，我的事业是否会更成功？

我确实有一些朋友支持和推动我（参见第 10 课），但他们中的大多数都是和我同龄的朋友。我也和我的导师们建立了友谊，但他们比我年长很多，这在大多数师徒关系中是很典型的年龄差。指导者比被指导者年长一代或更多，前者会向后者分享经验和智慧。阿曼看到了我看不到的东西：在师徒关系中存在着一个缺口，而他明白填补这个缺口的价值。正如他在自己的故事中所说："这些朋友会帮助你渡过每一个难关，因为他们对事物变化的理解速度比那些年龄大得多的人要快得多。"

在接下来的评论中，我将让阿曼讲述他是如何理解这一课的力量的。我的看法正好相反：你也需要和比你年轻 5~10 岁的人交朋友。随着阿曼在事业上站稳脚跟，他将成为别人寻找的那种年长 5~10 岁的朋友，而这些友谊，就像所有伟大的关系一样，必须是互惠的。

最近，我与比我小 10 岁左右的马蒂内斯·坎德泽拉斯（Martynas Kandzeras）建立了友谊。马蒂内斯来自立陶宛，他正在建立一个风险基金，投资由立陶宛 JA 创业项目的应届毕业生创办的新公司。看到这么多前途光明的企业在寻求资金后,他决定是时候为年轻创业者募集种子基金了,这在立陶宛尚属首例。马蒂内斯的激情让我充满活力,我渴望向他学习,就像他渴望向我学习一样。他还深思熟虑,不仅考虑如何与我建立关系,还考虑如何与每年从 JA 项目毕业的充满活力的企业家群体建立关系。例如,我们与获得资助的企业家们签订了一份附函,鼓励他们在事业成功后"回报社会",向 JA 捐款。这封附函并不是一份合同,而仅仅是一种道德义务,它在立陶宛未来的商业领袖中建立了一种慈善文化,并通过校友融资为 JA 的未来活动提供可持续的资金。

事实上,我们之所以如此努力地在 JA 建立我们的全球校友社区,部分原因就在于年长的校友从年轻的校友那里学到的东西往往能给他们带来活力。年轻的校友帮助年长的校友发现和解决问题,并在解决问题的过程中感受到力量。你可能不是 JA 的校友,但你有机会在高中、大学、工作单位和其他组织中建立校友网络,以便开始与比你年轻 5~10 岁的人建立友谊。

与此同时,在工作中,你可以通过请求反向指导来弥补这种差距,即让年轻员工教你技能,而不是相反的情形。现在,在我的日程安排中抽出时间进行反向指导已经列入了我的待办事项清单,这要归功于卡尔·摩尔(Karl Moore)和他的著作《为何世代》(*Generation Why*),这本书为释放年轻员工的潜力提供了宝贵的经验和领导力建议。

卡尔曾在牛津大学教授管理学,他现在是加拿大麦吉尔大学商学院的教授。我喜欢他的书,就像我在牛津大学喜欢他本人一样:他与众不同。他既不是英国人,也不是传统的学者。他曾是 IBM 的一名高管,在职业生涯中期成为一名多产的管理学教授。尽管卡尔不是我论文的主要导师,但他还是会给我指定阅读书目,以激发我的好奇心,提高我最终的写作水平。他对知识充满好奇,也希望不断进步和学习。在牛津大学吃午餐或散步时,我们会聊上几个小时。他向像我这样的学生求助,因为他们让他充满活力,善于思考,并教给他一些他不知道的东西。他并不因为我们知道但他不知道的东西而感到忐忑不安。他很看重这一点。

卡尔给我们的友谊带来的能量和他处理关系的方法正是你结交比你年轻5~10岁的朋友所需要的东西。你需要像卡尔一样有好奇心，看到年轻人可以帮助你实现目标，就像你能帮助他们一样。进入领导层后，你需要雇人做你做不了的事情。你的工作就是与他们合作并赋予他们权力，给他们空间和自主权，让他们负责自己分内的业务。对我来说，我认为拥有最佳创意的人应该能够领导团队，即使他们没有领导经验。**赋予他人权力，实际上也是在赋予你自己权力。**

年轻有为者的故事

阿曼·高斯
"结交与你相差5~10岁的朋友"

我小时候，我的父母为了我父亲的银行业工作从印度搬到了阿联酋（UAE），当时迪拜刚刚开始其成为当今全球超级大都市的崛起之路。我上的是一所国际高中，班上的学生来自60个不同的国家。虽然我在学校里有一群不同国籍的朋友，但这座城市的流动性意味着很多家庭通常来阿联酋一两年就搬走了。我对友谊的理解被这个现实扭曲了。我认为朋友来来去去，都是人生的过客。

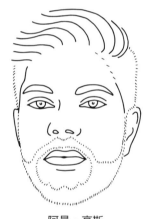

阿曼·高斯

我一直待在阿联酋，直到进入加利福尼亚州的克莱蒙特·麦肯纳学院学习政治、哲学和经济学，毕业时完全不知道自己想做什么。外交引起了我的兴趣，于是我前往华盛顿，在印度最大的贸易协会和宣传团体"印度工业联合会"（CII）找到了一份工作。在CII，我将印度航空航天和国防工业与国会山的立法者和各州州长联系起来，听取在国会上达成的交易，并编写宣传和政策文件。尽管工作本身很有趣，但我并不觉得有成就感，而且我对整个事件进程的影响微乎其微。我有一种从政府部门转到私营部门工作的冲动。

赋予他人权力，实际上也是在赋予你自己权力。

在波音、洛克希德·马丁或雷神这样的公司工作本来是我梦寐以求的职业,但这并不现实,因为我没有工程学学位或MBA学位,对航空航天和国防工业也没有深入的了解。当我被梦想中的公司拒绝时,CII的总裁鼓励我搬到印度去,通过了解印度的航空航天和国防工业来获得竞争优势。有人认为我疯了。许多从中东和印度到美国求学的同龄人都想留在美国。但我听从内心的召唤,在2017年搬到了印度,在那里,我给所有进入航空航天和国防工业领域的跨国公司打电话推销,但除了一家公司外,其他公司都拒绝了我。这家公司就是阿迪亚·贝拉集团(Aditya Birla),这是一家市值500亿美元的金属、采矿、电信和金融服务企业集团,我受雇于他们的新业务风险事业部。

我在阿迪亚·贝拉集团的同事年龄都比我大,而且都有家庭,他们不喜欢全球奔波。由于我没有这样的后顾之忧,而且渴望学习,我发现自己有机会并得到了公司的信任,在中国、法国、英国、中东和澳大利亚的各种航空展和生产工厂与全球公司进行尽职调查访问和业务发展谈判。我这样做了两年半,直到我26岁,但这个行业的性质和复杂性意味着交易进展缓慢,除了一些转型经验和人脉关系外,我的工作成果并不多。那时我才真正开始理解人际关系的价值和建立人际关系的艺术。

在印度工作期间,我的表亲向我介绍了一群企业家、艺术家、演员、外交官、记者和科技及银行业专业人士。这个圈子里的人平均比我大5~10岁。我立刻对他们以及他们的经历和故事产生了好感。他们愿意且耐心、亲切地传授我在早期职业生涯中取得成功的关键经验、策略和指导,这比我所拥有的任何其他关系都更符合我的需要。他们看到了我实现目标的渴望、专注和潜力,帮助我了解了我的下一个目标、如何最有效地实现目标,以及保持谦逊和渴望的价值。我努力去理解他们传授给我的所有智慧。

我曾在足球场上与一位年长者结下了深厚的友谊,这后来促成了我在一家私募股权公司的工作。刚到印度时,我参加了一个业余足球联赛,希望通过体育活动,既能强身健体又能社交。我很快就意识到,我并不是联赛中最有天赋的球员,当我在球场上得不到上场机会时,我必须想办法最大限度地提高参与度。我在技术和耐力方面的不足,在有效组织球队和管理自我和期望方面得到了弥补。我的技能引起了一位私募股权公司董事总经理的注意,他任命我为他的球队在联赛中的经理。我们开始相互了解,一开始是老板和经理的关系,最后变成了亲密的友谊。两年后,当我想跳槽时,我向他和我们围绕足球建立的朋友圈寻求建议。在我考虑下一步的职业发展时,他给了我一个在他的私募股权公司工作的机会,让我有机会学习投资组合管理,了解如何评估初创企业和创始人,了解私人资本是如何部署的,以及有效扩大业务规模的策略。

我在这家私募股权公司担任了 6 个月的助理,当时该公司在新冠疫情开始期间度过了经济低迷时期。这段经历加深了我对创业精神的理解,在新冠疫情开始消退的时候,我知道自己已经有了创业的冲动。就在那时,我报名参加了阿希什在塔夫茨大学弗莱彻学院开设的创业课,并在万事达卡公司获得了一份实习工作,从事人工智能、数字资产、生物识别和网络安全等前沿技术方面的工作。最终,公司为我的工作设立了一个全新的职位,并选择了我。

但这并不是我今天最终接受并拥有的工作,当前这份工作是通过我的朋友圈获得的,这个圈子里的人比我大 5~10 岁。

令人着迷的是,很多工作机会和工作邀请都是这样产生的。这些职位从未或几乎从未被宣传过。这些都是来自朋友圈和同龄人的推荐和认可。在这个例子中,我的朋友成为了 Aquanow 公司的早期投资者,这是一家总部位于加拿大的发展迅速的初创公司,正在向全球扩张。他知道这家公司涉及我感兴趣的所有领域,并认为这将是我开启下一阶段职业生涯的理想平台。所以,在我参加他的婚礼时,他把我介绍给了这家公司的 CEO。我们开始谈论我在万事达卡的工作和我想做的事情,他开始谈论他们在中东和土耳其的扩张。接下来,他聘请我担任高级职位,并持有公司股份,以此来使我们的利益保持一致。

于是,我又回到了迪拜,为 Aquanow 工作,在这个一切都可能"扑通"一声倒下的行业里,我又一次冒险向人们证明自己。我目前的工作压力很大，而且工作环境始终模糊不清，很难驾驭。但我乐于在模棱两可的环境中工作，并有能力在混乱中找到秩序。我再次依靠那些比我大5~10岁的朋友和同龄人给我的教训、智慧和指导，这让我有信心跟随自己的内心，克服生活中可能遇到的任何困难。尽管我放弃了万事达卡的稳定、知名度和诱人的薪酬，跟随自己的本能，开始了创业之旅，但我知道，如果我能维持好我的友谊和人际关系，我随时可以回到大公司。

如今，我明白了我在高中短暂的友谊中无法理解的东西：维护所有关系的重要性。我认识到，如果有意识地把自己展示出来，就很容易结识朋友。寻找自己真正感兴趣和热衷的活动和领域，结识各行各业志同道合的人，尤其是那些比你年长5~10岁的人。然后努力维持这些关系。永远不要把人际关系当作交易或达到目的的手段。人际关系的价值在于他们给你的视角，以及他们帮助你在未来道路上看到的机会和可能性。

阿曼·高斯（个人主页：linkedin.com/in/amanghose）是Aquanow公司负责合作关系的副总裁，Aquanow是加拿大最大的数字资产、流动性和基础设施提供商。此前，阿曼·高斯曾在万事达卡公司从事产品开发和企业战略工作，并在世界500强跨国公司阿迪亚·贝拉集团负责新兴企业项目，是该集团航空航天与国防团队的创始成员之一。阿曼·高斯毕业于克莱蒙特·麦肯纳学院，并获得塔夫茨大学弗莱彻学院的MIB学位。

马歇尔讲堂：竖起耳朵认真听

社区是我们实现目标的核心所在。如果你独自生活，这样的人生又有什么意义呢？在我共事过的人中，没有人认为自己是白手起家的。他们也意识到自己的选择和抱负会影响其他人，因为社区不是单行道，一切都是互惠的。但这种互惠不仅仅是个体之间的二维互惠。这可不是那种争强好胜的、交易性的、"你给我挠背，我也给你挠背"型互惠关系。而是，当一个人说"我需要帮助"时，听到这种恳求的另一个人不会考量"我帮你对我有什么好处",而是不假思索地回答:"我能帮上忙。"

你为他人所做的很多好事都是不求回报的,比如,安慰他们、跟进他们、为他们牵线搭桥,或者仅仅是在现场聆听他们的声音。不管你是否寻求报答,这些都会给你回馈,因为这种互惠是社区的一个决定性特征。这就是阿曼的理解。如果你不能真正地倾听他人,你将永远无法理解这一点,无法听到任何人的恳求,也无法建立这样的社区。

阿希什和我在这本书里已经说过很多次了,在这里我还要重申一遍:我们向他人学习的成功率有80%取决于我们倾听的程度。

如果你不能倾听他人的意见,你很快就会发现,你的人际网络和人际关系往往是交易性和情境性的。你的社区大多是单行道。

你可能会在那些单行道上找到比你大5~10岁的朋友,但你不会与他们成功结交。

随着年龄的增长和职位的提升,倾听和"人际交往技巧"变得越来越重要。想象一下这样一个世界:技术技能、教育背景,甚至职业成就都不再重要。每个人都被赋予了同等的智慧和天赋。每个人都有很高的技能,受过良好的教育,在成就上也不分伯仲,每个人都取得了相同的"终身成就记录"。

现在,想象一下你在这个世界上领导着一个组织。你将如何聘用员工?你将如何决定提拔谁、搁置谁?

你可能会开始非常密切地关注人们的行为举止,比如,他们如何对待同事和客户,他们在会议上如何发言和倾听,他们如何善用细微的礼节来润滑日常工作和减少摩擦。欢迎来到组织生活高层的真实世界。

我们把这些行为标准应用到和我们一起工作的几乎所有成功者身上,无论是我们的老板还是水管工。但有时我们会忘记将这些标准应用到自己身上。反过来,我们也忘记了我们的行为才是人际关系的关键。

因此,我可以说,在其他条件相同的情况下,你越往上层走,你的人际交往能力就越重要。实际上,即使其他条件不相同,你的人际交往能力往往也会决定你能达到的高度。

想象一下,你还是那个组织的那位领导:你更希望谁担任你的首席财务官?是一个中等水平的会计师,但与公司外部的人打交道时很出色,擅长管理非常聪明的员工?还是一个非常出色的会计师,但与外部的人打交道时很笨拙，会让聪明的人感到疏远？这不是一个艰难的选择，真的。拥有高超人际交往能力的候选人每次都会胜出，这在很大程度上是因为他们能够雇用比自己更聪明的人，并领导他们。现在或在可预见的未来的任何时候，都不能保证出色的数字计算专家能做到这一点。

和其他人一样，你也具备某些帮助或将帮助你找到第一份工作的特质。这些就是你简历上的证书和技能。但随着你越来越成功，这些特质就会逐渐淡出人们的视线，而更微妙的特质才是最重要的。你周围的每个人都很聪明。你必须要聪明，还得擅长点儿别的。

如果你必须准备一份简历，但不能突出你毕业的大学，任何学术荣誉，或者你现任和前任雇主的大名，那该怎么办？你不能吹嘘你创造了利润，你扭转了萎靡的部门，或者你推出的产品变成了一个独立的品牌。你唯一可以放在简历上的数据是你的人际交往能力（就本练习而言，你的人际交往能力必须有据可查、真实可信）。具体是什么呢？

1. 善于倾听？
2. 给予适当的认可？
3. 分享成功的信息或荣誉？
4. 在别人惊慌失措时保持冷静？
5. 中途纠偏？
6. 勇于承担责任？
7. 承认错误？
8. 顺从他人，甚至（尤其是）地位较低的人？
9. 有时也让别人"对"一回？
10. 抵制偏心？
11. 说声谢谢？

撇开你的技术技能和你的名人堂级别的"终身成就记录"不谈，有哪些人际交往技能能让你在领导层中脱颖而出？选一个，任何你觉得自己缺乏的技能都可以。如果你不确定，去问问社区的朋友。

第 29 课
分享你的故事,激励他人的斗志

阿娅·优素福(Aya Youssef)出生在黎巴嫩的一个难民营,现在仍与出生在同一个难民营的父母生活在一起。1948 年,当她的祖父母还是孩子的时候,就跟随父母逃离了巴勒斯坦,来到了黎巴嫩。但这些历史都没有阻止阿娅书写自己的成就故事。她是一名 JA 校友,来自我们的黎巴嫩分部,即黎巴嫩 INJAZ。她是首届全球学生奖(由 Varkey 基金会和 Chegg.com 赞助)的 50 名入围者之一(共有 3500 名申请者)。她还担任 JA 全球领导力会议的学生主持人,并于 2023 年毕业于贝鲁特美国大学(AUB),获得建筑学学位。以下是她向我们讲述的部分故事:

阿娅·优素福

我对海洋建筑的热情始于小时候和父母一起观看电视节目《国家地理》纪录片。你可以想象我当时有多兴奋。当我还是 AUB 的大三学生时,我有幸申请并被选中在国家地理学会和大自然保护协会进行为期两个月的实习。在整个实习过程中,我被大家称为"对水充满热情的女孩",尽管我根本不会游泳。事实上,我超级怕水。但我喜欢大海。它给我一种奇妙的感觉。我甚至会听着水声入睡。

在校外实习期间,我开始真正关注气候变化和海平面上升问题,这使我的设计和建筑重点发生了转变,希望从建筑和材料的角度来应对海平面上升问题。从这个角度来研究建筑,其实并不常见。更不常见的是,像我这样的女孩竟然也想学习建筑。我从未接触过任何大城市,只是在电视和网络上看到过。

当我申请贝鲁特美国大学时，我甚至不确定那会是我的专业，但那更多是别人对我的期望。我想成为一名医生，让我的大家庭为我感到骄傲。由于黎巴嫩的战争，我父亲没有上过大学，他和我母亲一直问我是否确定自己想进入建筑行业。做医生可以给我机会。在黎巴嫩，巴勒斯坦女性难民不能加入建筑师工会。"你拿到这个学位后，又能做什么呢？"他们不停地问。但他们的问题只会让我更加坚定。我对建筑充满了好奇。我喜欢建筑和创造的实践性。这是书本之外的全新体验，而我想要一些新的挑战。

我也没有看到有人从我的经验和视角出发来探讨重要的建筑问题。年轻难民面临的最大挑战是缺乏接受适当教育的机会，以及这对他们思维模式的影响。但另一个主要问题是，难民营的建筑和基础设施缺乏开放的绿色空间，还缺乏无障碍设施。这两方面的问题我都研究过，但在我的本科毕业论文中，我又重新燃起了自己对水源话题的热爱。

我试图找到一些关于人们通过建筑来解决海平面上升问题的案例研究。我找到的大多是建造在水上的漂浮城市或抗海浪的混凝土基础设施。我想，"这就是我们解决问题的方法吗？我们要逃避它吗？还是用更坏的方法抵御它呢？"因此，我的本科论文从创业和建筑的角度讨论了海平面上升的问题，并设计了一些方法和解决方案，这些方法和解决方案将对社会产生影响，并与我们的海洋和谐共存，而不是与之对抗。

因为我的故事，我知道我可以把我对创业和建筑的热情结合起来，为社会和全球造福，我的教授们也钦佩我的热情和以不同方式处理设计过程的能力。我尝试了新技术、新软件、新概念和新想法，将我所喜爱的创作和成就的一切元素融合起来，构建我的设计提案：我在国家地理学会的校外实习、我对水源话题的热爱，以及我在地方和全球层面上以任何可能的方式带来改变的终极热情。

这就是我所说的，我的故事让人们意识到了什么是可能的。人们因为我讲述了自己的故事而选择我参加实习，录取我进入大学，并授予我其他奖项。但我分享自己的故事，是为了向别人展示什么是可能的，并为我所关心的事情做出改变。我从高中就开始这么做了。2016年，我在联合国巴勒斯坦难民救济和工程处的学校里创办了第一个编程俱乐部，与大约20名愿意并渴望学习新知识的学生分享我自学的编程知识和经验。我希望接触到和我有类似背景的学生,即在难民安置点或周围生活过的人,因为没有多少人知道如何自学编程,甚至没有多少人知道编程是什么玩意儿。然而,像我这样的人所掌握的知识会带来很多机会,更重要的是,通过向学生展示什么是可能的、什么是存在的,以及他们可以成为什么人或做什么事,可以彻底改变学生的心态。

我在这个俱乐部的工作经历和我的高中学习历程让我开始注意到,学生们也缺乏在黎巴嫩上大学和获得奖学金的资源。我自己一直在研究这方面的信息,并决定开始分享我的发现。我成了一个外联小组的成员,负责宣传黎巴嫩最好的大学的教育和奖学金机会。一年后,我与另外两位有着同样愿景和使命的变革者合作,共同创立了 ToRead,以扩大我们的服务范围,并弥合与填补高中学生在申请大学和奖学金基金会之间的差距。该在线平台允许黎巴嫩的学生搜索、筛选和比较他们有资格申请的国内外大学和奖学金。

我很自豪,没有我,ToRead 也能继续存在下去,因为我在 2022 年离开了 ToRead,与他人共同创立了 Step.propriate 公司。该公司设计了一个踏板,安装在门的底部,无须用手,踩一下就能打开门。2023 年,我被选为前六名 JA 校友之一,参加了 Apple TV 播放的大卫·梅尔策的《两分钟演练》节目,角逐 5 万美元的奖金。有了 Step.propriate,我将继续为社会影响、社区服务和建筑工作而设计,确保每当我学到对我有益的东西时,我都会把它作为我故事的一部分与人分享。我热爱我正在做的事情,即使它极具实验性和体验性,而且我知道,它将使我在实现职业目标的道路上不断前进。但我不是卓越的人,也不想成为出类拔萃的人。我的故事让我与众不同,但世界上还有很多像我一样的人。我知道有很多人和我有同样的问题,我知道我的故事对他们和对我一样有影响力。如果我能通过分享我的故事,让像我一样的人知道他们自己的故事也很重要,那么,我就会有更多的人可以合作,我们就能在这个世界上实现我们希望看到的改变。

我没有把阿娅的故事放在单独的评论文章里,因为她的故事帮助我清晰地表达了我在最后一节自由式课程上想说的话。

阿娅的故事让我意识到,你不能让任何东西成为永恒,就像你无法让某人爱上某物一样。爱是一个日积月累的过程。你无法强迫它，只能去感受它。让我们感受到这本书或其他书籍中的课程的不是文字，而是故事。**如果没有一个故事来帮助你感悟这些课程，那么，这本书中的课程又有什么用呢？**如果没有故事将你与这些课程联系起来，帮你加深理解，那么，这些教诲就会成为空话，甚至是陈词滥调，或者，根本不值得铭记在心。

对我来说，这种对共享故事的力量的理解——它们能够连接人心、激发灵感——远远超出了本书的使命：我已经把邀请年轻人与我们分享他们的故事作为我在 JA 的主要使命。2022 年，JA、Cortico、麻省理工学院建设性交流中心和埃森哲咨询公司（Accenture）合作推出的"青年之声"（YouthVoices.org）将这一团队的努力推向了高潮。他们收集了来自 64 个国家的 JA 校友的第一手故事。该网站提供了突出显示、分析和分享这些对话的工具，其结果传达了有关 JA 价值观和方向以及 JA 项目在校友生活中所起作用的有力信息。

当我们倾听校友的故事并进行分析时，我们也学到了很多东西，当 JA 的六个关键主题从对话中浮现出来时，这些东西也影响了我们的战略规划：

- 自我效能感
- 全球公民技能
- 学习经验
- 繁荣的社区
- 赋权青少年
- 价值观

不难看出，这些主题不仅影响了我在 JA 的工作，还影响了我对这本书和现代成就过程的整个态度。如果不是这些年轻人和本书中采访的每个人都愿意与我们分享他们的故事，我可能永远不会看到这一点，也不会愿意敞开心扉分享自己的故事。

分享自己的故事需要一定程度的脆弱，这有助于你理解自己追求成就的过程，而这种脆弱对成为领导者而言至关重要。这听起来可能很自私，分享自己的故事需要一定程度的脆弱，这有助于你理解自己追求成就的过程，而这种脆弱对成为领导者而言至关重要。

但如果你的分享专注于服务他人，就像优秀的领导者一样，那就不会显得自私了。这就是"分享你的故事"与"展示你的故事"（第6课）的不同之处：本课和本书中的故事都是为你服务的。

这就是我们的故事经得起时间考验的原因：它们通过生动的实例，帮助你并赋予你力量，让你看到更多的可能，取得更大的成就。这就是永恒。

JA 领导者的成就故事

"你的故事让人们意识到一切皆有可能"

正如我们在自由式课程的"自我修炼"部分的最后一课中所做的那样，马歇尔和我认为最好以 JA 领导者分享他们如何激励他人的故事作为本课的"压轴戏"。这些评论的标题来自阿娅。用她的话说，即使是在追求成就的早期，她也能敏锐地意识到自己的故事如何能够"放大他人的可能性"。但前提是她继续分享自己的故事，并激励其他人分享他们的故事。我们希望这些 JA 故事能让你明白，我们的故事比这一课的标题和本书的每一课都更能激励我们。

我在俄亥俄州托莱多市的一个充满爱和关怀的家庭中长大，但教育并不是我父母真正关注的焦点。我的母亲完成了高中学业，但我的父亲却辍学参加了第二次世界大战的海军陆战队，并在那里升到了排长的军衔。离开部队后，他去了托莱多的工厂工作，冲压厂、汽车制造厂，诸如此类。工作都是零星的，时有时无。我们经常靠食品券过活，失业成了家常便饭。这就是我所熟悉的世界，我不认为教育能帮助我改变现状。倒不是说我学习不好，而是我很害羞，这对我没有任何帮助。

后来，JA 公司项目在我的学校招募，我就报了名，因为坐在我前面的一位非常有魅力的女士报了名，而且是免费的。你瞧，这个决定改变了我的人生。在为学生公司提供建议的 JA 志愿者中，有一位志愿者既是推销员又是工程师，他看到了我身上的潜能，这是任何老师或教练都不曾发现的潜能。他确保了这个对教育毫无兴趣的害羞孩子当选为 JA 公司的销售副总裁。所以我学会了如何销售，并培训其他人如何去销售。在那些日子里，这意味着挨家挨户地敲门，让我告诉你，没有什么比吃闭门羹更能锤炼一个人的性格了。但当第一笔交易发生时，我的内心发生了变化。作为一名学生和一个人，这是我人生中第一次受到激励。我知道我可以有所成就，也可以有所作为，而且有人会相信我。

我在 JA 度过了接下来的两年高中时光，第二年当上了部门负责人，最后一年当上了财务主管。事实上，我成为了俄亥俄州托莱多市的年度财务主管，并参加了全国级别的比赛。顺便说一句，我没有赢，但我最终成为家里第一个拿着 JA 奖学金上大学的人。事实上，我从未离开过 JA。我在大学期间和大学毕业后都在 JA 工作，从托莱多的分支机构逐步晋升到全国性组织。2003 年，该组织与国际 JA 合并，这让我看到了我们如何为中国、俄罗斯和中东等地的学生提供服务。

那次合并更激励我直接或间接地分享我的故事，比如，通过哈雷－戴维森公司前首席执行官理查德·蒂尔林克（Richard Teerlink）分享我的故事，激励人们为 JA 捐款和做志愿者。我试着与年轻人建立联系，比如加利福尼亚州的一名高中生，他基本上无家可归，只好加入 JA，我有机会和他一起度过了相当长的时间。最后他顺利毕业了，现在在一家电影公司工作。我不能帮助每一个人，但我一直在寻找那些听了我不太美好的故事之后可能会受益的、需要一些指导的人。我希望自己或许能像在托莱多的 JA 志愿者那样激励他人。

我想让人们知道，生活不是一件随随便便发生在你身上的事。

杰克·科萨科夫斯基（Jack Kosakowski）
JA 美国分部 CEO

我最初想成为一名外交官，为改变世界贡献力量。但在意大利外交部积累了经验，并与《奥斯陆和平协定》（The Oslo Peace Accords）首席谈判代表乌里·萨维尔（Uri Savir）大使密切合作后，我意识到，作为一名外交官，要真正改变世界，还需要很多年的时间。就在那时，我加入了乌里的"全球地方论坛"。

乌里认为，和平协定不成功的原因之一是，政府最高层的决定没有给民众（尤其是年轻人）带来切实的红利。因此，他与扬·斯滕贝克（Jan Stenbeck）一起创建了"全球地方论坛"，以促进城市间的能力提升和青少年赋权。他组建了一个由年轻人组成的团队，让他们跳出思维定式，提出富有创意的想法。2001年在罗马召开市长会议时，他要求我们设计出一个娱乐节目。还有什么比在罗马斗兽场举办音乐会更好的主意吗？从一个看似疯狂的想法开始，我们在罗马斗兽场创造了历史：雷·查尔斯（Ray Charles）在来自世界各地的300位市长面前表演了有史以来第一场夜间音乐会。这次出席的市长包括巴勒斯坦民族权力机构的阿布·阿拉（Abu Alaa）和以色列的西蒙·佩雷斯（Shimon Peres），他们握手致意。

从那天晚上开始，我了解到音乐跨越国界的魅力，以及年轻人产生创新想法的力量。在我管理团队和组织引人入胜的活动时，这些经验一直指引着我。2004年，"全球地方论坛"与传奇制片人昆西·琼斯（Quincy Jones）合作，发起了"我们就是未来"倡议，这是欧洲（可能也是世界）最大的筹款活动之一，旨在帮助那些冲突（后）地带的城市的儿童和青年。该活动由琼斯和奥普拉·温弗瑞（Oprah Winfrey）联合主持。包括卡洛斯·桑塔纳（Carlos Santana）、艾丽西亚·凯斯（Alicia Keys）、胡安内斯（Juanes）、太阳马戏团（Cirque du Soleil）、安德烈·波切利（Andrea Bocelli）和卡门·康索利（Carmen Consoli）在内的数百位艺术家在罗马马克西姆斯马戏团（Circus Maximus）的数十万名观众面前进行了表演，并通过MTV和雅虎向全球观众进行了宣传。

在音乐会之前，我还与联合国机构和世界银行建立了合作伙伴关系。我穿梭于华盛顿特区、洛杉矶、纽约和罗马之间，会见了支持这一倡议的有趣人士和组织。事实上，有一天，乌里安排在巴黎向世界银行前行长吉姆·沃尔芬森（Jim Wolfensohn）介绍一个项目，但在会议期间，他转过头来请我做介绍，因为我年轻。我不得不动用我所有的技能来解释我们正在做的事情背后的"原因"。吉姆赞同这一倡议，并请我与世界银行学院合作，从青少年的角度审视世界银行的投资组合，看看我们在哪些方面可以将这一倡议与世界银行现有的投资组合联系起来。

我喜欢讲这个故事，因为它突出了你不必亲自"登台"也能有所作为（乌里）。作为一个年轻人（我），在幕后工作可以让你处于推动职业道路的位置。如今，我更乐于在聚光灯下"登台"，并为自己能为欧洲年轻人的生活带来影响而感到自豪。

萨尔瓦多·尼格罗（Salvatore Nigro）

JA 欧洲分部 CEO

我 17 岁那年参加了在阿根廷科尔多瓦举办的 JA 公司项目，并被邀请在暑假担任实习生。当我开始上大学时，那次实习机会变成了兼职助理职位。我在短短三天内发了 300 份传真，试图说服人们参加我们当地办事处的筹款活动。此后的十多年里，我在 JA 的职位迅速上升，从为 JA 科尔多瓦分部工作，到 33 岁时成为 JA 美洲分部的负责人，最终被选为 JA 全球的首席发展官，直接向阿希什汇报工作，成为担任这一重要职位的第一位非美国人。

1999 年，我刚加入 JA 科尔多瓦分部，那是我经历过的最具变革性的经历之一。当时办事处正在举办一个名为"国际企业家论坛"的活动，这对于一个不是布宜诺斯艾利斯的城市来说，是一个非常具有颠覆性的活动。我们的目的是让来自全省和整个地区的 JA 年轻企业家代表团在科尔多瓦的山区集中度过五天，参加各种活动，如著名榜样人物做的鼓舞人心的主题演讲、设计思维研讨会，以及我们称之为"一顿早餐吃遍全世界"的活动，即每个代表团都要烹饪自己的特色早餐。这是一次创业赋能与文化交流的结合。

第二届论坛真的改变了我的看法——让来自世界各地的年轻人分享故事、相互学习是多么重要！在我看来，这些人也许就是未来各省的省长和下一代商业领袖。如果我们能让他们现在就联系起来，建立理解和共鸣，那么，我们不仅要建立企业家网络，还要通过我们现在建立的这些关系去建设一个更美好的未来。

我在JA美洲分部的工作中，一直秉承着这种对企业家精神和连接力量的理解。所以，当我们讨论举办一个全球性的活动，即JA全球青年论坛时，我告诉他们我们多年来在科尔多瓦所做的工作，我们开始计划一些更大的事情。2018年7月，我们成功地将来自47个不同国家的JA青年领导者聚集在墨西哥，重点是培养他们的创业精神。与在科尔多瓦举办的首届论坛一样，其中一些年轻人从未离开过自己的城市和乡镇。他们来自拉丁美洲的农村地区、中东的城市地区、北美的郊区、南亚的村庄，以及介于两者之间的所有地方。年轻人总是记得第一次登上飞机的经历，许多青少年也是如此。给他们一个机会去看看这个世界是多么的巨大和不同，这可以改变他们看待世界的方式。他们明白，思想的力量在于其多样性。他们离开会场时感觉自己就是全球公民。我越能帮助年轻人培养这种意识，对商业和世界的未来就越有好处。

利奥·马特洛托（Leo Martellotto）

JA首席开发官

第 30 课
自由规划你的职业生涯

自由式课程就是教你如何对你自己进行设计和创新的课程,那么,你如何对那个"来人世一趟的你"进行设计和创新呢?

你的现代成就故事是怎样的?

你的独特优势是什么?你是如何发现这些优势的?作为一名有抱负的青年领导者,或者在开始你的领导旅程时,你是如何利用这些优势的?

在你反思这些问题之后,问问自己:根据你的经验,你最想与他人分享的成就课程是什么?

现在就分享吧!

> 分享你的故事有助于激励他人。所以,当你准备好与他人分享你的成就课程时,请允许我们来帮助你。登录 modernachievement.com,点击"分享",如果我们选择了你的课程,我们将与我们的成就者社区分享你的成就课程!

结论课

开启"固定－灵活－自由"模式，奔赴成就之旅

马歇尔教我的一个寓言最能说明这最后一课的意义。

在一个烈日炎炎的日子里，一个年轻的农民满身汗水地划着小船在一条宽阔的河流上逆流而上，他在向村子里运送农产品。他努力工作，争取在天黑前送货到家。当他向前方望去时，发现另一艘船正顺流而下，朝着他的船急速驶来。他奋力划船，试图避开，但似乎无济于事。他开始尖叫："改变方向，你这个白痴！你会撞到我的！小心！"但也是徒劳。两只小船相撞，发出了令人作呕的沉闷声响。

农夫愤怒地喊道："你这个白痴！你怎么能在这么宽的河中央撞到我的船呢？你有什么毛病吗？"

这时，农夫才意识到自己是在对着一艘空船大喊大叫。这艘空船已经挣脱了系泊的绳子，随着水流顺流而下。

这个故事的寓意很简单：另一条船上从来就没有人。而我们总是对着一艘空船大喊大叫。

这是一个很好的建议：接受"你就是你的问题和反应的根源"这一事实。

好吧，也许我们经常对着一艘空船大喊大叫。有时会有人在另一条船上，就像有些事情发生在我们身上，而我们却无法控制一样。在任何情况下，我们仍然可以控制自己的行为方式，这才是我们应该集中注意力和精力的地方。不要把时间浪费在消极情绪上。请调整航向，继续驾船前行。

这则寓言延伸到了现代成就的整个过程，以及马歇尔在《丰盈人生：活出你的极致》中所写的内容。他写道："当我们每时每刻做出的选择、承担的风险和付出的努力都与我们生活中的总体目标相一致时，无论最终结果如何，我们都是在享受丰盈人生。而丰盈人生的回报就是让你享受参与的过程。"

这个词又出现了：过程。

无论你是刚刚开始你的成就之旅，还是正在危急关头，或是正在走向你人生最后的1/3，还是正在反思你所走过的道路，无论结果如何，你的故事一直都在进行"过程"中。而如何书写你的成就故事，这由你来负责。 你所做出的选择、承担的风险和付出的努力，都是由你的行动和反应决定的。

另一条船上从来就没有人。

然而，总有其他人与你同舟共济。有时我们别无选择，比如你的家人或老师。有时，我们可以选择让谁上船。无论如何，你都需要他人与你同行。无论如何，在你的旅途中，你都需要别人的陪伴。人际关系很重要，不管是好是坏。有些人会帮助你找到方向。其他人会告诉你怎么办，比如，你该说什么、你该做什么、你是什么样的人、你想成为什么样的人。你会让这些不同的人在多大程度上影响（无论影响大小）你在成就之路上的选择，这也取决于你自己。无论你的选择是什么，你仍然可以引导自己完成追求现代成就的过程。

正如我在本书开头所说，现代成就之旅是一个混乱的过程，而且只会越来越混乱。即使你选择了一条职业道路，并且一生都沿着它走下去，那也未必会是一条直达"巅峰"的直线式晋升之路。在追求现代成就的过程中，难免会有停顿和起步、曲折和蜿蜒、匆忙和等待、障碍和机遇，想要准备充分，就得保持平衡。

综合来看，本书中的课程就是你如何找到平衡的范例，在你取得更多成就、探索未来可能性的过程中，甚至在你书写未来的过程中，你可以选择何时使用哪些课程和框架的哪些部分。而组织这些课程的"固定－灵无论你是刚刚开始你的成就之旅,还是正在危急关头,或是正在走向你人生最后的1/3,还是正在反思你所走过的道路,无论结果如何,你的故事一直都在进行"过程"中。而如何书写你的成就故事,这由你来负责。

活-自由"框架为你提供了这种平衡,比如,提醒你学习、提醒你与他人合作,提醒你发挥个人能力去实现成长、成功和领导。

实现这种平衡需要一个开放和创新的思维模式。这就是为什么驾驭现代成就的"水域"(实际上也是人生旅途本身)和它向你抛出的一切的关键不是"要么固定,要么灵活,要么自由",而是"既要固定,又要灵活,还要自由"。

固定、灵活和自由,三者往往看似相互对立或分离,但将它们融入你的生活,你就既能提升自己的价值,又能创造机会取得更大的成就。这样做的好处不仅在于你未来的成功,还可以打造你的心理健康和整体福祉。

在固定、灵活和自由之间保持平衡,可以减轻压力,让你把取得成就看作一个过程,并在追求成就的整个过程中(而不仅仅是在实现目标和目的的过程中)找到成功感和成就感。

它能让你变得更加乐观。

它奠定了人际关系的基础,让你过上美好幸福的生活。

它提醒你,你可以做出你自己的选择。

它揭示了你的价值观和你所看重的东西,以及这种价值观如何改变。

它迫使你在实践中学习。

它吸引其他人与你合作,推动你成为最好的自己。

它告诉你如何尊重他人及其想法,让你接触新思想,建立新的社区。

它能培养同理心。

它鼓舞和激励他人做到最好。

它拥抱失败和错误,将其作为成功的迭代,作为设计人生过程的一部分。

它能激发你的创造力和好奇心。

它能培养你产生影响所需的技能。

它让你更加感激你所拥有的东西和你可能成为的样子。

它会培养你所需的自我效能感,让你不再担心其他船只向你驶来。

它让你从"我不行"变成"我能行"。

鸣　谢

本书的最初构思是在纽约市的一次晚宴上形成的，当时世界正从新冠疫情中恢复过来，人们正在重返餐馆。马克·汤普森从一开始就同意参与本书的撰写，并主持了这次至关重要的晚宴，我们对此深表感谢。马克是我们亲爱的朋友和同事，他是马歇尔的多个项目的合作者，也是阿希什的第一位高管教练。

几个月后，我们联系上了吉姆·艾伯（Jim Eber），他是一位杰出的作家和思想伙伴，帮助我们完善了本书的基本论点，并将其与我们生活中的经验教训联系起来。如果没有吉姆的巧妙点拨，本书就会成为一本学术性的巨著，而无法将"固定－灵活－自由"框架以可读性和愉悦性的方式应用到书中的实践课程中。我们感谢马克和吉姆在将这个项目从想法变为现实的过程中发挥的关键作用。如果你有幸作为一名高管教练与马克共事，或作为一名作家与吉姆共事，你将感到无比荣幸！

在撰写本书的过程中，我们采访了一些人，他们通过分享自己的亲身经历和经验教训，帮助我们形成了自己的想法。这些人包括世界上最优秀的领导力教练、JA 主要领导人，以及我们在世界各地教学和交流工作经验中结交的成就导向型年轻人。当我们要求他们接受采访和贡献意见时，他们每个人都毫不犹豫地答应了。

特别感谢以下这些人，他们不仅同意接受采访，还同意将自己的故事收录在本书中：阿米·巴纳德－巴恩、阿曼·高斯、亚历山大·奥斯特瓦德、阿娅·优素福、比尔·卡里尔、卡罗琳·詹纳、克林特·卡迪奥、戴维·布尔库什、哈什·沙阿、霍华德·梁、杰克·哈里斯、杰克·科萨科夫斯基、朱莉·卡里尔、利奥·马特洛托、林赛·珀莱克、玛雅·雷乔拉、迈克尔·邦吉·斯坦尼尔、米凯尔·弗洛兰歇根、内莉·塞塔、萨尔瓦多·尼格罗、莎拉·拉普、桑音·香、西米·恩沃古古、惠特尼·约翰逊。

因为百位教练网络和JA网络的同事们，我们对所有形式的成就都有了更丰富的理解。特别要感谢那些在我们的MG Connect小组和聚会、YPO论坛会议和JA聚会和讨论中进行自我发现之旅时给予我们支持的人，尤其是：阿凯夫·阿克拉巴维、艾伦·穆拉利、阿莉莎·科恩、安东尼奥·尼托-罗德里格斯、博妮塔·汤普森、布兰迪·康福特、西莉亚·德伊茨·瓦德斯皮诺、卡罗琳·贝塞特、卡罗尔·考夫曼、迪帕·普拉哈拉德、戴安·瑞安、唐尼·迪隆、多莉·克拉克、道格·温妮、杜恩·索恩、埃迪·格林布拉特、埃迪·特纳、埃利奥特·马西、埃里克·舒伦伯格、埃里卡·达万、法伊齐·法泰希、费尔南多·卡里略、费奥娜·麦克奥利、弗兰克·瓦格纳、加布里埃拉·蒂斯代尔、盖尔·米勒、加里·里奇、希曼舒·萨克塞纳、霍滕斯·勒根蒂尔、霍华德·摩根、霍华德·普拉格、休伯特·乔利、杰奎琳·莱恩、杰夫·布莱勒、杰夫·斯洛文、杰夫·戈尔德曼-韦茨勒、杰里米·伊森伯格、吉姆·克里汀、吉姆·金、吉姆·沙利文、乔·蔡斯、乔·托托拉、乔纳森·本杰明、约书亚·卢茨格、肯·布兰查德、莱恩·科恩、梅塔利·乔普拉、玛吉·王、马克·特塞克、马丁·林德斯特伦、迈克尔·麦戈文、米歇尔·克里帕尼、迈克尔·克里帕尼、米塔利·乔普拉、莫莉·茨昌、莫拉格·巴雷特、南肯德·卡森德-范登布鲁克、诺埃尔·赞博雷恩、奥列格·科纳瓦洛夫、帕特丽夏·戈顿、保罗·加索尔、彼得·巴克曼、彼得·布雷格曼、普妮·莫哈杰、普拉卡什·拉曼、普兰雅·阿格拉瓦尔、普拉文·卡帕莱、拉杰·沙阿、理查德·雷斯尼克、丽塔·麦格拉思、丽塔·内森、罗伯·内尔、罗伯特·格雷泽、罗德尼·摩西、鲁维·基托夫、露丝·戈田、萨菲·巴赫尔、萨洛尼·鲍里·乔杜里、萨莉·海格森、桑迪·奥格、桑音·香、萨拉·麦克阿瑟、斯科特·奥斯曼、谢尔盖·西罗特科、史蒂夫·罗杰斯、苏比尔·乔杜里、塔沃·戈德弗雷森、塔莎·尤里奇、泰莉莎·扬西、泰利·梁、汤姆·莫菲特、温迪·格里森。

我们的百位教练网中的一个人值得特别表彰：设计师兼插画家艾莎·贝赛尔。艾莎在曼谷举行的JA全球领导力会议上发表了主题演讲，赢得了全场起立鼓掌。演讲结束几分钟后，她同意参与这个项目。从那以后，她为这本书提供了精美的插图，并贡献了自己的时间和才华，为我们提供了与这本书的排版和设计相关的一切事宜的建议。谢谢你，艾莎！

有几位朋友和同事阅读了本书手稿的早期版本。杰奎琳·莱恩、杰夫·希特纳、蒂尔·斯托弗和戴夫·慕克吉在提供有针对性的反馈和建设性意见方面特别有帮助。

特别感谢 Amplify 出版社（百位教练出版社的总部）的编辑布兰登·考沃德（Brandon Coward），他对本书进行了细致的编辑，并提出了宝贵的建议，极大地提高了手稿的质量。整个 Amplify 团队，在纳伦·阿雅尔（Naren Aryal）的带领下，与我们合作非常愉快。

阿希什对他的妻子兼合作伙伴海伦深表感谢，感谢她在他雄心勃勃的想法和项目的起起落落中提供了坚定不移的支持。同样，马歇尔也衷心感谢他的妻子和合作伙伴莉达，她的支持帮助他实现了无数的追求和事业。这本书是献给我们的孩子的，以表彰他们在成就之路上的努力，但在本书中，也有许多故事讲述了我们的配偶如何在我们的成就之路上提携我们、支持我们，并保护我们免受自身的伤害。

作者和插画家简介

阿希什·阿德瓦尼是 JA（国际青年成就组织）的首席执行官，该组织是世界上最大的非政府组织之一，致力于帮助青少年为就业和创业做好准备。在他的领导任期内，JA 每年都被评选为世界十大社会公益组织之一，并获得了诺贝尔和平奖的提名。阿德瓦尼也是一位颇有成就的企业家，曾带领两家由风险投资支持的公司从创业阶段发展到被大公司看中并收购。他曾在世界经济论坛、联合国、青年总裁组织和《财富》500 强企业会议上担任专题讨论小组成员或主持人，是一位广受欢迎的演讲者和重要会议的定期撰稿人。

马歇尔·古德史密斯是马歇尔·古德史密斯集团和百位教练社区的创始人。他是哈佛医学院教练学院终身成就奖的首届得主，也是 Thinkers 50 管理名人堂的入选者，曾为 200 多位重要的首席执行官及其管理团队提供咨询服务。他撰写或编辑了 35 本以上的书籍，包括《纽约时报》经典畅销书《管理中的魔鬼细节：突破阻碍你更成功的 20 + 1 个致命习惯》。

艾莎·贝赛尔是一位屡获殊荣的工业设计师、演说家、作家和教练。2017 年，她被《快公司》（*Fast Company*）杂志评为"商业领域最具创造力的人物"之一。2020 年，《室内设计》（*Interior Design*）杂志授予她"年度最佳产品设计师奖"。她的作品被现代艺术博物馆永久收藏。她也是《设计你所喜爱的人生：一步步指导你构建一个有意义的未来》和《设计你所喜爱的漫漫人生》的作者。